蝇蛆养殖
关键技术与应用

主　编　郎跃深
副主编　杜荣骞　历文荣
编　委　贾秉坤　张艳娟　王　祥
　　　　王　海　王思禹　王凤芝

科学技术文献出版社
SCIENTIFIC AND TECHNICAL DOCUMENTATION PRESS
·北京·

图书在版编目(CIP)数据

蝇蛆养殖关键技术与应用 / 郎跃深主编. —北京：科学技术文献出版社，2015. 5

ISBN 978-7-5023-9610-7

Ⅰ. ①蝇… Ⅱ. ①郎… Ⅲ. ①蝇科—养殖 Ⅳ. ① S899.9

中国版本图书馆 CIP 数据核字（2014）第 271360 号

蝇蛆养殖关键技术与应用

策划编辑：乔懿丹　责任编辑：周　玲　责任校对：赵　瑗　责任出版：张志平

出 版 者　科学技术文献出版社
地　　址　北京市复兴路15号　邮编 100038
编 务 部　（010）58882938，58882087（传真）
发 行 部　（010）58882868，58882874（传真）
邮 购 部　（010）58882873
官方网址　www.stdp.com.cn
发 行 者　科学技术文献出版社发行　全国各地新华书店经销
印 刷 者　北京时尚印佳彩色印刷有限公司
版　　次　2015 年 5 月第 1 版　2015 年 5 月第 1 次印刷
开　　本　850 × 1168　1/32
字　　数　89千
印　　张　4.75
书　　号　ISBN 978-7-5023-9610-7
定　　价　12.00元

版权所有　违法必究

购买本社图书，凡字迹不清、缺页、倒页、脱页者，本社发行部负责调换

前　言

蛋白资源不足是当今世界存在的四大危机之一，统计资料表明，全世界约有2/3的人缺乏蛋白质。我国蛋白质消耗水平只有发达国家的一半，并略低于第三世界国家的平均水平。特别是在人口急剧增长的趋势下，寻求蛋白质新资源是摆在人们面前的一项迫切任务。

随着养殖业的飞速发展，配合饲料工业的崛起，使鱼粉的供需矛盾日趋紧张，我国正大力发展养殖业，因而饲料需求量大，为解决鱼粉短缺的问题，我国必须进行鱼粉替代物的开发研究。

动物蛋白饲料资源主要依赖于动物生产，故解决这一问题的有效途径仍应从开发动物资源入手。而一个新生资源的开发，必须具备无公害、高生产潜力、高蛋白质含量、易生产、低成本、高效益等前提条件，方有可行性。大量的营养学研究证明，昆虫体内富含蛋白质，纤维少，微量元素含量丰富，易于吸收，尤其是人体必需的氨基酸含量丰富，是优于肉蛋类的最大动物蛋白资源，开发潜力巨大。当今许多国家都把养殖昆虫作为解决蛋白质来源的主攻方向，而苍蝇及其幼虫（蝇蛆）已成为开辟新型优质蛋白资源的突破口。苍蝇变害为利已成为当代生态农业的一条重要生物链，进而迅速崛起为一项新型养殖项目，其无可争辩的优越性，将成为一项前景广阔的新兴致富路。

在本书的编写过程中参考了相关资料，在此对作者致谢。限于经验，缺点和错误之处欢迎广大读者批评指正。

编者

目　录

第1章

苍蝇养殖概述

现有的自然资源中，规模大，分布广，营养丰富，容易开发，而且开发欠缺力度的资源，首先应属昆虫资源，而昆虫资源这个大家族中，尤其以苍蝇的开发利用最为引人注目。

苍蝇的幼虫（蝇蛆）是大有开发前途的新型优质蛋白饲料，广泛用于饲喂猪、鸡、鸭、鱼、虾、鳖、鳝、鳗、蛙、蝎、貂、鸟类等动物，其营养价值可与鱼粉媲美，是动物蛋白饲料中的佼佼者。

蝇蛆富含蛋白质，因而可利用蝇蛆

提取蛋白质，用于食品工业、发酵工业、医药工业等。蝇蛆的深加工，有较大的发展潜力，可开发成医药、保健品、生化制剂、农药及化工等多种产品。从无菌蝇蛆中提取的活性蛋白粉，具有抗疲劳、抗辐射、延缓衰老、护肝、增强免疫力等作用，是较为理想的保健品。

蝇蛆的氨基酸组成比较合理，因此可用来制取水解蛋白和氨基酸。氨基酸可用来制作药品，治疗一些由于氨基酸缺乏而引起的疾病，也可以加工成保健食品，或做食品强化剂，还可用于制造化妆品。

蝇蛆的蛹壳可以提取几丁质，几丁质为含多糖类天然生物活性物质，广泛用于工业、农业、医药、食品、日用化工、国防、环保等诸多领域。其开发利用早已被国内外科学界、医学界、企业界所重视。

苍蝇具有独特的免疫功能，其体内含有一种具有强力杀菌作用的"抗菌活性蛋白"，这种活性蛋白只要万分之一的浓度就足以杀灭入侵的病菌。同时，其血淋巴中含有抗癌作用的凝集素，外国科学家已利用其开发出多种抗癌药。蝇蛆体内含有一种粪产碱菌，能抑制皮肤脓疮中的多种病菌，并能促进表皮的生成和创伤的愈合，是皮肤烧伤和损伤患者的福音。此外，蝇蛆体内还含有2%～4%的磷脂，磷脂具有保护细胞膜，降低血脂，防止心脑血管疾病等方面的作用。

根据蝇蛆的生物学特性及其发展潜力，人类对蝇蛆的研究和利用，定会取得更大的进展和成就。

一、养殖的效益

在自然界中，苍蝇是传播疾病的重要媒介害虫，能给人、畜传染多种疾病。现在人们把目光投向了蝇蛆养殖，这是缘于蝇蛆具有其他昆虫所不具有的特点。

1. 养殖技术成熟，管理方便

生产蝇蛆既不需要任何防疫措施，也不需要现代化厂房，在民用水电设备条件下保温、供粪、防逃，即可规模生产。根据目前人类的科技水平，易于做到蝇蛆的工厂化养殖。蝇蛆耐高密度养殖，一个50厘米×50厘米×50厘米的蝇笼，可饲养1万～1.2万只成蝇。国内蝇蛆规模化、工厂化生产技术及蝇蛆生化系列产品的制备工艺已渐成熟。

2. 繁殖快，生产效率高

苍蝇繁殖速度快，据测算，1对苍蝇4个月能繁育2000亿个蛆，可积累纯蛋白600多吨。蝇蛆从卵发育到成虫，一般只需10～11天。由卵到成蛆，只需4～5天，周期短、繁殖快、产量高。初孵幼虫0.08毫克，在24～30℃下，经4～5天生长，蛆的体重即可达20～25毫克，总生物量增加250～300倍。昆虫作为低等动物，在生态系统的能量转化中，虽然同化效率是哺乳动物的一半左右，但它的生产效率却是哺乳动物的15～40倍，是迄今用其他方法生产动物蛋白所无法比拟的。

3. 食性杂而嗜食畜粪

养殖蝇蛆原料来源广泛，麦麸、米糠、酒糟、豆渣等农副产品下脚料，猪粪、鸡粪、鸭粪等畜禽粪便均宜于养殖。一个畜禽养殖场配上一个蝇蛆养殖场，就等于又建了一个昆虫蛋白质饲料生产厂。养殖蝇蛆后的粪便，既无臭味，又肥沃疏松，是农作物的优质有机肥，这一特殊的转化功能，是其他饲料昆虫所望尘莫及的。

4. 抗病力强

据科学家研究证明：一只苍蝇身体表面通常携带的细菌多达 1700 万个至 5 亿个，体内携带的细菌更多。目前已知，苍蝇身上携带的病菌共有 60 多种，伤寒、痢疾、霍乱、肠炎、结核、小儿麻痹症等对人类危害极大的传染病，苍蝇都能传播。苍蝇出没于肮脏之地，置身于不计其数的病菌之中，却能安然无恙，不会被这些病源所感染，蛆体内也没有任何有毒之物，这缘之于其优异的免疫功能。苍蝇体内能产生多种抗病菌和抗病毒的有效物质，如苍蝇的分泌物中有一种抗菌活性蛋白，具有极强的杀菌和抗病毒能力，只要万分之一的浓度，就能将各种细菌和病毒置于死地。现代任何一种抗生素，都无法与之相比。科学家们在苍蝇体内还发现了一种抗癌活性蛋白，对癌细胞有很强的抑制作用。饲养蝇蛆，一般不用为防病费心，可大大节省防病费用。

5. 优质动物蛋白饲料

目前世界上许多国家，都把人工饲养昆虫作为解决蛋白饲料来源的主攻方向。干蝇蛆一般含蛋白质60%左右，含脂肪10%～15%，同时还含有丰富的氨基酸，其中必需氨基酸总量是鱼粉的2.3倍，蛋氨酸、赖氨酸分别是鱼粉的2.7倍及2.6倍，明显高于鱼粉。实践证明，它不但可以完全替代鱼粉，而且在混合饲料中掺进适量的活体蝇蛆，喂养蟹、鱼、鳖、鳗、黄鳝、蛙类、鸟类等，生长明显加快，增产显著，效果很好。如此，饲料粮对我国农业的压力、对环境的压力、对耕地和灌溉水的压力，对进口粮食需要的外汇压力等就可以大大缓解。

6. 蝇蛆虫体浑身是宝

蝇蛆蛋白不仅可以作为优质蛋白饲料，而且可以提取蛋白粉，开发高级营养品，是人类未来的理想营养源，生产过程中可以同时得到脂肪、抗生素、凝集素等多种生化产品。抗菌蛋白可以消灭一切真菌微生物，具有极强的杀菌作用。蛆壳更是提取甲壳素的上好原料，甲壳素被誉为除糖、蛋白、脂肪、维生素与矿物质外，人体必需的第六生命要素。甲壳素对人体具有独特的医疗和保健功能、活化修复细胞功能、增强免疫调节功能、预防疾病提高抗病能力及加速康复功能，将有毒有害物质排除体外的解毒功能及调节人体生理平衡功能。

7. 蛆粪是优质有机肥

据报道，蝇蛆处理1吨猪粪，可得蛆粪500千克。用蝇蛆处理猪粪，猪粪中原有的杂草种子被蛆吃掉了，不再回到地里危害庄稼；用蛆粪做肥料，土壤可摆脱使用化肥带来的土壤板结、物理性质恶化、肥力下降等问题。在1公顷土地上施用20吨蛆粪的情况下，与施用全套化肥相比，燕麦增产20%，燕麦和豆类套种增产18%，与单施磷钾化肥相比燕麦增产57%，燕麦和豆类的套种最为惊人，与施全套化肥比增产68%，与施磷钾化肥比增产96%，但是土豆增产不大。

8. 生态农业重要一环

让蝇蛆养殖加入到生态农业的物质循环利用中，可以成功地解决畜禽产生的粪便污染和动物蛋白饲料紧缺这两大难题。畜禽对饲料养分消化吸收仅25%，其余的都流失在粪便里，畜禽粪便具有丰富的蛋白质等养分。蝇蛆能把流失在粪便里的养分几近全部消化吸收掉，并转化为昆虫蛋白。养殖业、种植业外加养蛆业，延长了食物链，使物质能量向更高级的质量转变，成为其他高等动物可以利用的物质，提高了资源利用率。废弃物在生产过程中得到再次利用，一个系统的产出是另一个系统的投入，使系统内形成一种稳定的物质良性循环机制，提高了系统的稳定性和经济效益。现今几乎所有粪便处理技术，只能生产一般有机肥料，而且往往除臭不彻底，投资大，运行成本高；

而蝇蛆生物工程都可以同时生产抗菌高蛋白饲料和生物有机肥，且处理速度快、效率高、成本低、除臭彻底，是其他畜禽粪便处理方法难以企及的（见表1-1）。

表1-1 不同处理方法处理粪便的能力

项 目	一般发酵式	蝇蛆生物工程
一次投料量	20吨	20吨
设备能力	20吨（20吨×1组）	20吨（20吨×6组）
处理周期	60天	6天
年处理次数	6	60
年处理能力	120吨	7200吨

综上所述，蝇蛆养殖意义重大，前景广阔，值得大力提倡，应用推广。

二、蝇蛆开发的现状

国内外对苍蝇的开发利用历史较为悠久，以苍蝇幼虫（蝇蛆）作为人类的食物，国外早有记录。在我国的明、清时代即有食用蝇蛆的记载，近年来，国内更是有许多学者大力尝试开发蝇蛆在食用方面的应用技术，如蝇蛆锅巴、蝇蛆活性粉、蝇蛆蛋白提取液、蝇蛆食品添加剂、蝇蛆保健酒等。

作为药用，李时珍《本草纲目》中即有记载，蝇蛆可以入药，药材名统称“五谷子”。性寒、味咸，有清热解毒、消积化滞功能。与其化药物配伍，可治温热病出现神昏谵语，小儿疳积、疳疮、毒痢作吐等症。第一次世界大战期间曾发现活蛆能够促进伤口愈合，并由此提取到尿囊素，使之成为外科良药。日本从 20 世纪 70 年代中期开始，就开展蝇蛆抗菌物质的研究，到目前为止，已从蝇蛆的血淋巴中分离纯化到 7 种抗菌物质。德国的皮肤科医生用活蛆治疗皮肤溃疡获得成功，法国已从蝇蛆中成功提取出抗菌物质。近年来，我国学者在蝇蛆抗菌蛋白、抗菌肽、抗癌活性物质等方面也取得了一定成绩。

作为饲用，国外还有一个主要方向就是开发蝇蛆作为载体饲料用（饲料添加剂），如此可大大增加蝇蛆的附加值，这方面的例子主要有俄罗斯、朝鲜等，目前开发的产品主要有色素载体蛆、抗生素载体蛆、微量元素载体蛆等。近 20 年是蝇蛆养殖开发利用最为活跃的时代，美国、日本、德国、朝鲜、匈牙利等许多国家先后开展了利用动物粪便大量饲养蝇蛆的试验推广工作。目前俄罗斯、朝鲜等国家有许多养殖场都建立了养蝇车间，以解决动物蛋白饲料的不足。

我国亦先后开展了不同规模的蝇蛆生产，并取得了一定的成效。20 世纪 70 年代末 80 年代初，在我国北京、天津等地曾开展了利用鸡粪饲养苍蝇及蝇蛆饲喂家禽的效果试验，1983 年 6 月 30 日，著名经济学家于光远的《笼养苍蝇的经济效益》一文在《人民日报》发表后，将我国蝇蛆养殖推向了高潮。

随着改革开放的不断深入和科学的不断进步，又掀起了资源昆虫研究和利用的高潮。在苍蝇研究开发方面，专家应用试验生态学和营养生理学研究方法，深入研究了苍蝇的繁殖生物学及其影响因子，掌握了苍蝇的产卵规律、成蝇营养、成蝇产卵条件、苍蝇营养转化模式、光照对苍蝇生长的影响等。这些研究结果为蝇蛆工厂化生产技术提供了科学资料，对提高商品蛆的产量和品质均具有较重要的作用。此外，在苍蝇繁殖生物学研究基础上，还系统研究了苍蝇幼虫配给饲料、试验种群生命表、培养基质利用率、剩余培养基再利用率及蝇蛆养殖技术系统优化设计与工厂化生产有关的技术基础，为蝇蛆产品化提供了原料保障，对蝇蛆生长的周期性循环起到了调控和指导作用，保证了蝇蛆生长的持续高产、稳产和鲜蛆原料的标准化，为产品的开发奠定了基础。在取得上述研究成果后，在实验室条件下，采用生化提取分析与动物学实验相结合的方法，研制出蝇蛆蛋白、符合氨基酸营养液、蝇蛆营养活性干粉、蝇蛆油和几丁质5种产品，并证明了它们在食用、保健、滋补及药用等方面的价值，为蝇蛆产品的开发、利用揭示了广阔的前景。

三、养殖中存在的问题

1. 养殖技术与经济效益问题

蝇蛆利用的基础是苍蝇的养殖。苍蝇对环境的适应能力强、繁殖力强，蝇蛆养殖的技术成本和设备投入也相对较低。在技术上，蝇蛆养殖已不再是难题，无论是种蝇的驯化、生长条件优化还是食物的配比等方面都有大量的研究工作，有许多研究论文和书籍可供参考，中国科学院动物研究所及其他一些研究单位或高校有一批经验丰富的专家可以咨询。蝇蛆养殖的好坏关键在于种蝇的选择和对苍蝇基本生物学属性的掌握，优质种蝇具有繁殖率与存活率高、生长快、产量高、无致病菌等特点，是工厂化养殖的重要保障。蝇蛆产业人员应在吸取现有研究成果的基础上根据各地的环境条件和资源适当调整。

苍蝇的养殖本身需要投资，能否带来可观的经济价值，取决于生产成本与规模、市场需求以及开发利用的层次，因此蝇蛆养殖利用的经济效益无法一概而论。养殖成本偏高是目前限制蝇蛆产业发展的一个限制因素，如何降低养殖成本是需要考虑的重点问题。在满足基本的物理环境（温度、湿度、光和通气）条件下，可以根据当地的资源特点，大胆地尝试利用当地的廉价废料（如酒糟、豆渣、畜水产加工的下脚料、牲畜的粪便等几乎所有含有机质的废料）或改变食料成分的配比，达到提高蝇蛆产量和降低蝇蛆养殖成本的目的。工厂化、自动化、规模化可以提高生产效率，减少人工的使用，无疑可以降低养殖的成本，但蝇蛆的养殖规模要随市场的开拓以及养殖技术掌握的熟练程度而逐渐扩大。养殖企业可充分挖掘蝇蛆的利用价值，综合循环利用养殖废料以实现最优的经济效益。

2. 蝇蛆养殖与利用的安全性问题

在注重苍蝇利用价值的同时也不能忽视苍蝇是重要的疾病媒介生物之一。苍蝇带致病性和条件致病性病菌，对畜、禽和人类健康造成危害。苍蝇是 60 多种人类和动物肠道疾病如痢疾、伤寒、霍乱等病菌的携带者，其中一些是人畜共患病。最近有关于苍蝇在日本传播出血性大肠埃希菌的报道。在野生苍蝇成虫的体表和消化道还检测出多种霉菌。

饲料安全事关畜产品和食品的安全，事关大众健康，也与养殖者的增收和社会的稳定密切相关。近年来，全球因畜产品安全引发的问题层出不穷，疯牛病、口蹄疫、禽流感等事件此起彼伏，已成为社会关注的热点和农产品出口贸易争端的焦点。苍蝇本身虽不致病，但却是许多疾病的携带者和传播者，因此，蝇蛆养殖和作为蛋白饲料的安全性问题不容忽视。在蝇蛆的养殖过程中除应注意防止带菌苍蝇的侵入，还应保证蝇蛆生产环境的卫生，以避免病菌以及毒素的污染，防止人畜疾病的传播。

3. 蝇蛆开发利用的层次问题

蝇蛆的开发利用经历从动物饲料的生产到蛋白质、甲壳素的综合利用，直至近年来的抗菌肽、凝集素的提取及转基因苍蝇生物反应器的构建这一发展过程，在开发的广度和深度上都有很大的发展。蝇蛆的浅层次开发是利用动植物废料为原料养殖蝇蛆，生产的蝇蛆作为饲料使用。浅层次的开发对技术和设备没有太多的要求，资金投入较少，只要给苍蝇合适的食物和生长条件，并注意通风消毒就可以达到目的，这一层次的利用得到广大农民的采用，并给农民带来了一定的利益。而以蝇蛆为原料制备甲壳素或从蛆浆中分离提纯抗菌肽等生物活性物质等更深层次的开发，对专业知识、技术、设备条件的要求高，而且需要大量的资金和较长的研发时间，目前还有不少难题需要解决。我国有些大学或研究机构也在研究蝇蛆深层次开发的可能性，并与企业合作建立苍蝇养殖和深加工的工厂，但由于研究经费、科技成果转化机制以及对市场的需求与把握等因素的限制，特别是成本过高，许多工作还没有走出实验室。虽然有些产品已进入中试阶段，要真正产业化和规模化还有好一段路要走。蝇蛆的开发利用可以先以饲料生产为主，根据资金和技术支持的实际情况，走饲料、医药原料、保健品、抗菌肽等多层次共同开发的道路。

4. 我国蝇蛆产业存在的问题与建议

随着人们对蝇蛆利用价值认识的不断深入，越来越多的人对蝇蛆的养殖利用感兴趣，其中大多数是农民，相比之下，相关的政府职能部门和大型企业却缺乏应有的热情。我国不同省份的不少农民都在养殖苍蝇，并将蝇蛆用作禽、畜、水生动物的蛋白饲料，养殖废料用作有机肥料。这种自产自销的小农户养殖模式虽然给农民带来了一定的好处，但也暴露了不少问题，主要表现为生产成本高、效率低，蝇蛆养殖和利用技术难于提升，蝇蛆的加工利用不充分，养殖废物的不适当处理给养殖场周边环境造成破坏，同时也存在苍蝇扩散到养殖场外而增大蝇传疾病发病的风险。尤其重要的是，由于生产规模小、资金和技术不集中、管理水平低，很难能得到足够质和量的蝇蛆来满足饲料厂大量安全生产饲料的需要，这不仅不利于蝇蛆蛋白在畜牧业中的应用，也限制了蝇蛆深层次开发利用（如提取几丁质和抗菌肽等高附加值产品）产业的发展。另外，小作坊式的苍蝇养殖给有关部门的管理带来不便，养殖户也可能受经济利益的驱使而不顾产品质量和公共卫生，最终导致管理失控的不良局面。

为此，建议政府部门发挥组织或架设桥梁作用，在科学发展观的精神指导下，以蝇蛆养殖革新饲料工业，提高饲料质量和安全性，减少有机质对环境的污染，推动绿色畜牧业的可持续发展。可将蝇蛆养殖产业纳入农业发展总体规划，给予一定的政策扶持、技术指导和资金支持，根据市场需要，在不同省份兴建一些规模较大的、高标准的蝇蛆养殖工厂以及以蝇蛆蛋白为基础的配套的饲料综合加工厂，使蝇蛆养殖和利用产业化、规模化、系列化。引导和鼓励生产企业转变观念，增强风险投资意识和市场开发意识，进入昆虫资源开发这一新兴领域。整合现有的科学技术资源，吸引科研人员投入国民经济主战场，以拓展蝇蛆资源利用的途径和层次，解决蝇蛆产业化进程中可能遇到的关键技术难题。另外，在顺应蝇蛆养殖产业快速发展的同时，迫切需要国家有关部门组织媒介生物学、动物医学、动物营养学、生态学等方面的专家一同建立该特殊行业的行业规范和质量监管体系，用一定的行业标准和法规来引导、监督和规范蝇蛆的生产。建立产品质量和卫生检验的标准，适当引进市场准入机制。要明确监管部门，做到责权分明。加强对蝇蛆生产、加工、运输和产品质量的监督和管理，确保蝇蛆产业的从业人员、消费者及环境的安全，保证产品质量。

苍蝇虽小，却可以成就大产业。蝇蛆养殖产业化可以充分有效地利用废弃的动植物材料以及环境废料，大量生产高质量的动物蛋白，提高生物质资源的利用率，缓解我国动物蛋白原料不足和对国外市场的依赖，减少抗生素的使用及降低抗生素使用带来的负面影响，还可以带动畜牧业和相关产业的发展，发展农村经济，提高农民收入，改善农民生活，因此具有重要的社会、经济、生态意义和广阔的产业化前景。特别是在目前全球资源日益紧缺，人口、环境问题日益突显的大环境下，为满足我国国民经济的发展和人们对食物安全的更高要求，在科学发展观的思想指导下大力发展蝇蛆工厂化养殖，走养殖规模化、标准化、产业化的道路显得十分必要。蝇蛆养殖与利用也是提高资源利用效率，保护生态环境，营造建设节约型社会，建设社会主义新农村的一项有积极意义的举措。

第2章 蝇蛆的生物学特性

苍蝇是蝇类的统称，在生物学分类系统中属无脊椎动物、节肢动物门、昆虫纲、双翅目。再往下细分，有蝇科、麻蝇科、丽蝇科、寄蝇科、果蝇科、舌蝇科、狂蝇科、食蚜蝇科等数十个科，我国蝇类有记载的有1500多种。蝇类对环境的适应性极强，从热带到极地边缘，从沿海到沙漠草原，从平原到高寒山地，不论气候干湿冷暖，也不论土壤、地质如何，都有它们的分布。

一、蝇的种类

蝇蛆作为特种养殖业，正在逐渐被人们认识。为推广和普及蝇蛆养殖业的发展，提高蝇蛆蛋白质的产量和创造经济效益，现对适宜养殖的蝇的种类进行介绍。

1. 工程蝇

工程蝇是由家蝇中的市蝇驯化而来。成蝇体长约6毫米，雌蝇体较雄蝇稍大，其幼虫（蛆）孳生在人粪中。这种蝇繁殖能力强，幼虫（蛆）产量多，蛆体肥大，食性杂，适应能力强，是目前主要的养殖蝇种之一。

2. 市蝇

也是家蝇属成员，比家蝇体形稍小，体色稍淡，体长5～6毫米。其复眼亦无毛，中胸盾片仅2条黑色纵条，前胸侧板中央凹陷处无纤毛，腋瓣上肋无前后刚毛簇，第一腹板无纤毛，下侧片在后气门前下方有纤毛，且较苍蝇发达。它在我国分布也相当广泛，目前除黑龙江以北地区外，其余各省区均有记载，而且以东南部诸省的种群数量为多。

3. 厩腐蝇

厩腐蝇又称大苍蝇，属于蝇科、腐蝇属，体型较大，胸背有两条黑纵纹，其两侧有四块黑斑，小盾片端部呈黄棕色。第四纵脉向上微弯，触角芒为长羽状，分枝到顶。我国除台湾、广西、贵州等省区不详外，其他各地均有分布，种群数量以东北、华北、西北为多。

4. 夏厕蝇

夏厕蝇属于蝇科、厕蝇属。它的外貌比苍蝇显得瘦小苗条，身长 4～6 毫米，体色灰黄，腹部在灰黄的底色上有暗色倒“丁”字形斑纹，雄蝇的斑纹更为明显，同时它具有触角芒裸、翅第三纵脉与第四纵脉平行、第六纵脉短等厕蝇属的共同特征，容易与苍蝇区分开。它在我国广泛分布，特别在西北、华北、东北种群数量很多。

5. 元厕蝇

元厕蝇形态很像夏厕蝇，但体色较灰，雄性腹部有清晰的正中暗色纵条，雌性纵条不明显，容易与夏厕蝇相区别。在我国广泛分布，尤以东部和南方诸省区种群数量为多。

6. 大头金蝇

大头金蝇又称红头金蝇，属于丽蝇科、金蝇属。体大，有亮绿色金属光泽，复眼鲜红色。胸背无黑色纵纹，鬃少，多细毛。两颊部为橙黄色。分布于辽宁南部及华北、华东、华南各地。

7. 丝光绿蝇

丝光绿蝇属于丽蝇科、绿蝇属。中型种，最大者身长可达 10 毫米，体色绿，有金属光泽。在绿蝇属内，本种额宽，雄性间额宽约为侧额宽的 2 倍，雌性额宽大于头宽 1/3，一侧额宽约为间额的 1/2，后中鬃 3 对，前缘基鳞黄色，后胸腹板有纤毛。它几乎遍布全世界，我国境内都有分布，在北方为主要居住区，与人关系密切。

8. 铜绿蝇

铜绿蝇属于丽蝇科、绿蝇属。中型种，最大者身长可达 8 毫米，体色呈嫩橄榄绿色至青铜色。有金属光泽，外部特征很像丝光绿蝇，主要区别是它的后胸腹板无纤毛；在额的最狭处，雄性侧额约和间额等宽，雌性侧额宽约为间额宽的 2/3；从侧面观雄蝇腹部在后上方拱起。它的习性与丝光绿蝇相似。铜绿蝇在我国东南地区数量较多，最北可分布到辽南，西部高原和西北地区未曾发现。

9. 亮绿蝇

亮绿蝇亦为中型种，最大者身长可达 9 毫米，体色青绿，有金属光泽，本种雄性额狭，在最狭处间额存在，后中鬃 2 对，前缘基鳞黑色，腹部各背板无明显的暗色后缘带，雄性第九背板小，黑色。以上诸特点可与绿蝇属内其他常见种相区别。本种在我国的分布也很广泛，种群数量以东北、华北为多。

10. 瘤胫厕蝇

瘤胫厕蝇雄性中足胫节中部腹面有明显的瘤状隆起，在相对应处的中足股节腹面有钝头的刺状鬃毛簇，腹部灰色，各背板也有略呈倒“丁”字形的暗色斑：雌性中足无瘤状隆起，腹部暗灰色，无明显的斑纹，容易与厕蝇属其他种类相区别。它在我国的分布也很广泛，种群数量则以西北和东北较多。

11. 巨尾阿丽蝇

巨尾阿丽蝇体型大，身长可达12毫米。青蓝色，覆薄的淡色粉被。在丽蝇中，巨尾阿丽蝇雄性额宽，约为头宽的1/7，两性中胸盾片沟前有3条明显的黑色纵条，中间一条较宽；雄性尾器特别巨大。本种在我国，除新疆外，其他省区均有分布，而以东部和降雨量超过500毫米的地区种群数量大。

12. 红头丽蝇

红头丽蝇体型大，身长可达13毫米。青蓝色，胸部淡色粉被稍浓。与丽蝇属的其他常见种相比，其雄性额略宽，约为头宽的1/13，颊橙色，以至红棕色，在口缘处几乎全部红色，两性中胸盾片沟前只有2条很细的不很清晰的黑色纵条；雄性尾器不特别巨大，容易与巨尾阿丽蝇相区别。本种是我国西北、内蒙古、青藏高原、东北北部和川、滇等地的常见种，较少分布于我国东南。

13. 乌拉尔丽蝇

乌拉尔丽蝇亦为大型种，身长可达12.5毫米。青蓝色、较暗，胸背部亦覆淡色粉被，颊的前方大部红色，在口缘处约一半为红色。从外观上不容易与红头丽蝇区别，但两者雄性侧尾叶截然不同，红头丽蝇侧尾叶宽，末端圆钝，而乌拉尔丽蝇侧尾叶细长而直，末端稍向前钩曲。乌拉尔丽蝇在我国主要分布于新疆、青藏、内蒙古、甘肃的西部地区。

14. 伏蝇

伏蝇为中型种，体长可达10毫米，体色暗绿，有钝金属光泽，黑色，有稀疏黄色粉被，触角大部红色，前中鬃发达，后中鬃最后2对发达，后背中鬃有4～5个鬃位，上腋瓣上面外方有白色纤毛。本种在我国主要分布于西北、华北、东北，分布的南缘大约在上海、南京、郑州、宜宾一线，它在西北、东北的种群数量大。

15. 新陆原伏蝇

新陆原伏蝇为中型至大型种。最长可达13毫米，暗青蓝带紫色，除第2节外，颜色都呈黑色，触须红黄色，前、后中鬃均不发达，仅小盾前1对存在，后背中鬃有4～5个鬃位，上腋瓣的上面外方有黑色纤毛。在我国它分布的南界与伏蝇近似，在青藏高原和新疆、黑龙江等省区很常见，种群数量大。

16. 棕尾别麻蝇

棕尾别麻蝇属于麻蝇科、麻蝇属。中型至大型种，最大者身长可达 13 毫米，体色灰褐，雄额宽约为头宽的 1/6，颊部后方 1/3～1/2 长度内为白色毛。前胸侧板中央凹陷处有不特别密的黑色纤毛，有时仅 1～2 根，后背中鬃 5～6 个鬃位，尾器棕褐色。在我国除新疆外，均有分布。在麻蝇中，它的种群数量无论是在南方或华北都比较高。

17. 黑尾黑麻蝇

黑尾黑麻蝇为中型至大型种，最大者身长可达 14 毫米，体色灰褐，一般较深，后背中鬃 3 对，等距排列，雄性第五腹板有刷状鬃斑，第七、第八腹节的后缘鬃发达，雌性第六背板比较发达，突出于第五背板后方，侧面可以见到。在我国全境都有，而以西北、华北、东北虫口数量大。本种是麻蝇科中比较重要的种类。

18. 红尾拉蝇

红尾拉蝇为小型至中型种，体色黄灰，腹部为棋盘状斑纹，额鬃列的下段走向在雄性中仅稍向外，在雌性中差不多是直的，不向外，后背中鬃 3 对；雄性小盾端鬃退化，两性尾器均为红色。本种在华南无分布，在江南诸省也少见，但在云南可常见到，种群数量以西北和东北较大。

除上述 18 种外，在我国东南城市内，瘦叶带绿蝇、狭额腐蝇、黑蝇属等也较常见，北部和西北部则以宽丽蝇、白头麻蝇群的一些种类较为常见。

二、外部形态及内部结构

苍蝇有共同特征：一是触角短，分三节，第三节最长，其背面有一触角芒，第二节背面偏外侧有一几乎纵贯全长的裂缝；二是复眼一对明显，多数雄蝇两复眼间距较近，称接眼式，而雌蝇两复眼间距较宽，称离眼式，有些蝇类雌雄蝇眼间距无明显差别；三是单眼3个，在头顶部形成三角区；四是多数蝇类口器发达，为舔吸式或刺吸式，具摄食功能，触须不分节；五是胸部背面有清晰的横缝，后小盾板退化，不明显或不发达；六是翅脉简单，除亚前缘脉外多有6条纵脉及1条腋脉；七是腹部明显可见4～5节，第二腹板外露；八是幼虫头小，大部缩入胸部内，具咀嚼型口器，腹部第二节的后侧有后孔门1对，后孔门由气门环、气门裂和纽孔组成，其形状在幼虫分类上有重要意义，幼虫仅3个龄期，3龄幼虫不蜕皮即成蛹；九是蛹壳由3龄幼虫皮缩小角化而成，蛹羽化为成虫时，蛹内成虫头部前端有一额囊，用以顶破蛹壳，蛹壳前端作环状裂缝脱落，环裂亚目即因此而得名。

（一）外部形态

苍蝇是完全变态的昆虫，它的生活史可分为成蝇（分雌、雄）、卵、幼虫（3个龄期）、蛹4个时期。下面以工程蝇为主要介绍品种。

1. 成蝇（分雌、雄）

新从蛹中羽化出来的成蝇，体壁柔软，淡灰色，翅尚未展开，额囊尚未缩回。一段时间后，两翅方伸展，额囊回缩，表皮硬化且色泽加深，约 1.5 小时或更长时间后，两翅能飞动。在 27℃左右，羽化后 2～24 小时的成蝇开始活动与取食。

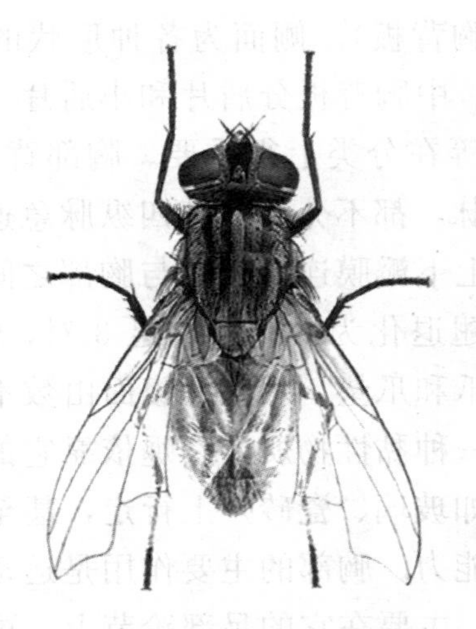

图 2-1　工程蝇

成蝇蝇体粗短，体长 6～7 毫米，全体有鬃毛，分头、胸、腹三部分。

（1）头部：近似半球形，凸面在前，平面在后，两侧有一对大的复眼，如同多数蝇类。苍蝇雄性的两眼距离较窄（接眼式），雌性距离较宽（离眼式）。苍蝇的复眼包含大约 4000 个小眼面（已证明这和苍蝇的灵敏视觉有关）。苍蝇头顶有 3 个单眼。颜面正中有一对触角，触角分三节，第三节最长，第三节的端刺亦分三节，背面有一根触角芒。嗅觉感受器则存在于触角上。苍蝇头的前下方有口器，如同大多数蝇类，成虫口器为舔吸式，可以伸缩折叠。口器末端有肥大的唇瓣，取食时不断在食物上刮、挫、舔吸，前端有很大的口盘，能很方便地吸吮浆液等。

（2）胸部：由前、中和后胸构成。但由背面看，只见胸大部（为中胸背板）。侧面为各种形状的几丁质板所构成，通称侧板。中胸背板分盾片和小盾片。背板和侧板上的鬃毛、斑纹等在分类上很重要。胸部背侧面有一对翅，翅上有 6 条纵脉，都不分叉，第四纵脉急速上弯，与第三翅脉相连。有上下瓣膜连接于翅与胸部之间，在上瓣膜前方有翅瓣，后翅退化为平衡棒。足 3 对，较短，行走快，在足的末段有爪和爪垫，爪垫的腹面由数不清的密毛所覆盖，并能分泌一种黏性物质，苍蝇依靠它的功能，可以在光滑的表面（如玻璃、瓷砖）上行走，甚至具有垂直行走和倒立爬行的能力。胸部的主要作用是运动中心。蝇的味觉器官很特殊，主要在它的足部跄节上，这有利于它在各处爬行时发现食物。

（3）腹部：如同胸部，亦为灰褐色。外表仅见五节，第一节和第二节背板合为一节。各节均由背板、腹板构成，在背板和腹板之间有侧膜相连。

腹内包含了大部分消化系统和生殖器官。从第六节以后称作后腹部，主要形成尾器。雌蝇腹部的末端是长而细的产卵管，为第六至第十体节演化形成，节与节之间有节间膜，当它伸展时，等于腹部的长度，收缩时，一节套入一节，外观仅可看见末端。雄性尾器由最后几个腹节和附肢所组成。交尾器官（阳体）在第九腹板（即生殖腹板）的后下方。

2. 卵

苍蝇的卵呈乳白色，香蕉形，卵多粘在一起，成为团块，卵长约 1 微米，1 克卵有 12 000～14 000 粒。表面略带光亮，前段稍窄，后端稍宽，卵背面旁边有两条脊，这两条脊在前面结合。受精卵在卵壳中形成胚胎，直到卵孵化成长为幼虫，叫作胚胎发育。幼虫成长经过形态的变化成为成虫的发育过程，叫作胚后发育。当卵孵化时，位在脊间的薄片裂开，幼虫从裂开的小孔爬出卵壳。在自然界中，成蝇多将卵产在湿度较大（含水约 70%）的猪粪、鸡粪、发酵饲料或堆肥的表层下。

3. 幼虫（蛆）

苍蝇幼虫，乳白色，体表光滑，头端尖细，尾端钝圆，无眼无足。蝇类的幼虫连头在内共 14 节，但明显的只有 11 节。幼虫以气管呼吸，头退化，胸、腹节相似。初孵幼虫体长约 2 毫米，3 日龄或 4 日龄幼虫体长 8～12 毫米，体重 20～25 毫克。幼虫口钩爪状，左边一个较右边一个小。两端气门式，前气门由 6～8 个乳头状突起排列而成，扇形，后气门的形状则在不同的龄期有所不同。

蝇幼虫头、胸、腹3部分主要特征如下。

(1) 头：很小，无腿，几丁质较强而常缩入第一胸节。头前端的腹面有两个瓣状构造，上有向内的小沟，相当于蝇的小唇，内侧即口。二者之间有一舌状几丁质小片为下唇。头前面背侧也有2个球状构造，每一球状构造上有2个突，背面的突相当于触角，腹面的突相当于触须，都是感觉器官。在口内有2个口钩左右排列。喙基骨的后方分为上支及下支，在下支的下方即咽，前通于口后通于食管。

(2) 胸部：可分为前胸、中胸、后胸三部分，前胸（即第一胸节）的两侧表皮基底向前方伸出一对前气门，前气门向内与气管相通。

(3) 腹部：腹部共十节，前面的六节相似，第七、第八节居末端而构造特殊。第九、第十节居第七、第八节之间，靠腹面有肛门，第八节的末端有气门，左右各一。气门有孔缘及气门裂，孔线为几丁质构造，气门的内侧在孔线附近有一小孔为纽扣区，是幼虫蜕皮时留下的原气门的瘢痕。

4. 蛹

幼虫老熟后，其11个体节前后收缩而进入前蛹期。在正常情况下，前蛹期不超过1天，故一般都称为蛹期。

蛹为圆桶状，长约6.5毫米，重17～22毫克，初为淡黄色、红色，以后色渐深，最后呈棕黑色，第一、第二腹节间有1对蛹气门。蛹在淡黄色、红色时，比重重于水，褐色时比重轻于水。在常温下，蛹在水中浸淹半小时以内，一般不影响成虫的羽化。

蛹是全变态昆虫由幼虫变为成虫的过程中所必须经过的一个静止不动的虫态。在蛹期不食不动，以完成幼虫至成虫所必需的胚后发育、组织变化过程。

（二）内部构造

1. 消化系统

蝇的消化器官是自口器到肛门的一系列长长的腔道，分前肠、中肠和后肠三个部分。前肠的前端为咽，食物经过有滤过作用的唇瓣的拟气管进入中舌和下唇形成的下唇腔（涎腺开口于下唇腔后端，为一对细长的腺体，大部分位于腹腔和胸部，涎液通过涎腺管和涎腺总管进入消化道中，涎液含有淀粉酶等）。下唇腔的后方即为咽头，其后为食道、贲门囊。贲门囊的壁特厚，有类似水泵的作用。与贲门囊相接处有储食囊，囊管开口于此。贲门囊瓣前为前肠部分，其内壁有几丁质的内膜。贲门囊瓣以后为中肠，中肠在胸腔的部分管细直而壁薄，在腹腔的部分粗而屈曲，壁也较厚，中肠内壁有一层上皮，有分泌消化液和吸收营养物质的机能，但无几丁质内膜。中肠之后为后肠，两者相接处有马氏管开口其间，此处又称作幽门，马氏管为两对末端相并合的细长管子，是苍蝇的主要排泄器官。后肠由较细长的前段（回肠）和扩大的直肠所构成，回肠与直肠交接处有直肠瓣，后肠的内膜是一层可透水的几丁质，后肠的功能主要为吸收水分，食物残渣通过后肠即成为粪便，直肠有四个乳突，一般认为它和水分的吸收作用有关。

2. 循环系统

蝇的循环系统为开放式，虫体无血管系统，血淋巴自由运行于体腔内各器官和组织之间，仅在一定的部位，血淋巴才在专一的循环管道内流通。此管道纵贯于背部体壁之下和消化道之上，后部称作心脏。心脏有 3 个心室，前部为大血管，由此喷出血液，流往腹腔及附属器，再进入心脏，周而复始。苍蝇的血液（即血淋巴）与哺乳动物不同，无红血球，但有血细胞。在电镜下观察，苍蝇的血细胞主要有 4 个类型：原细胞、浆细胞、珠（粒）细胞和类囊细胞。

3. 呼吸系统

呼吸系统由按体节排列成对的气管群所组成，气管由几丁质螺旋丝构成，气管之分支称微气管，散布于体内各器官及附肢，体壁上有气门与气管相连，气门系体壁内陷所形成。苍蝇通过简单的扩散作用而获得氧气和排出二氧化碳。

4. 神经系统

蝇的神经系统包括背方的脑和腹方的神经索以及连接它们的围食道连索。神经上分段着生神经节，从这些神经节将神经输入躯体的各个器官。如同其他昆虫，蝇亦具有视觉、听觉、触觉、嗅觉、味觉以及热和冷的感觉（但和其他种类，如丽蝇、绿蝇、麻蝇等比较起来，工程蝇的嗅觉不怎么发达）。

5. 生殖系统

雄性蝇生殖器官的生殖腺是一对睾丸，睾丸是产生精子的场所，睾丸的下方为输精管，两侧输精管在下端合并为贮精管，在贮精管近末端接近阳体的部位有一具水泵作用的射精囊。

雌性苍蝇生殖器官的生殖腺是一对卵巢，卵巢和一对输卵管相连，后者在下端合并为一，其末端为阴道，在不成对的输卵管和阴道交接处有受精囊（通常为 3 个）和一对附属腺开口其间。每个卵巢又由多数相互排列的卵小管组成，每个卵小管又可分端丝、端室、滤泡和卵小足等部分。在每个卵小管中同时可有数个滤泡，最靠近输卵管的最成熟，而最近于端室的则处于最早发育期，每个卵小管每次只有一个成熟卵，在此卵产下前，其他滤泡则停滞在一定发育阶段。

三、生态习性

在生物学上，苍蝇属于典型的完全变态昆虫。它的一生要经过卵、幼虫（蛆）、蛹、成虫四个时期，各个时期的形态完全不同，共需 12～15 天。研究成蝇的习性对饲养和防病有重要意义。

成年雌蝇刚排出的卵很小，1 克卵有 13000 个左右，当温度在 25℃、相对湿度 70％时，孵化期为 12 小时。刚孵出的幼虫为灰白色、怕光，在饲料表层下 2～10 厘米处活动、采食，生长速度极快，4～5 天有 1 厘米长、重约 30 毫克，开始化蛹。在温度 22～30℃、相对湿度 60％～80％的条件下，蛹经过 3 天发育，蛹体由软变硬，由黄变棕红色，再变为黑褐色有光泽。蛹壳破裂、羽化成虫，经 1 小时后开始吃食、饮水、飞翔。3～5 天后性成熟，雌雄蝇交配产卵。1 只雌蝇每次产卵 100～200 粒，每对蝇一年内可繁殖

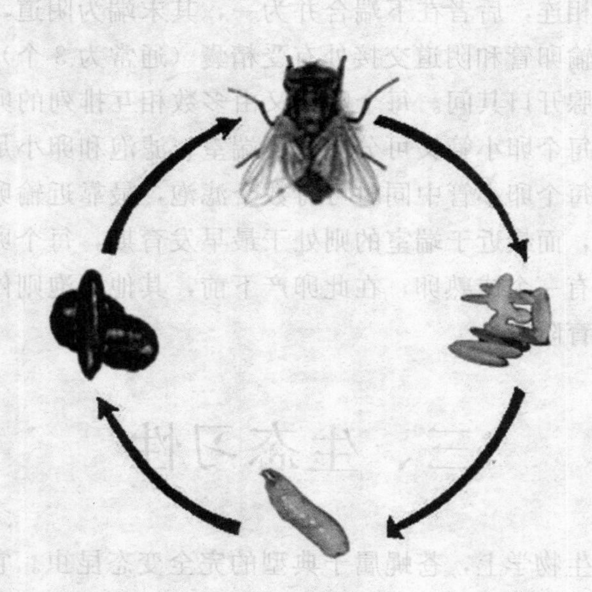

图 2-2　蝇的生活史

10～20 代，按生物学统计测算可产 1 亿～2 亿个后代。

1. 成蝇

从蛹羽化为成蝇，需要经历静止→爬行→伸体→展翅→体壁硬化几个阶段，才能发育成为具有飞翔、采食和繁殖能力的成蝇。刚从蛹内羽化而出的蝇，体壁柔软，淡灰色，双翅尚未展开，额囊没有回缩。稍后两翅伸展，表皮硬化且色泽加深，1～1.5 小时后，两翅方能飞翔。在 27℃的条件下，羽化后 2～24 小时成蝇才开始活动、摄食。

（1）滋生地：苍蝇能在各种腐烂发酵的动、植物的有机质内繁殖。

①粪肥：家畜和家禽的粪肥是苍蝇最好的孳生地。这些粪肥不太潮湿，结构疏松，适合苍蝇生长。不同地区苍蝇对不同家畜的粪肥有不同的适应性。例如，奶牛粪在世界各地都是最重要的孳生源，但北欧与西欧苍蝇都不在成年牛粪内繁殖；相反，小牛粪是苍蝇最好的滋生地。人粪也是苍蝇的繁殖物，但有些地区（如欧洲北部）人粪不吸引苍蝇繁殖。猪粪、马粪也是很好的繁殖物，但是容易很快发酵变质。在现代养鸡场中鸡粪也是苍蝇重要的孳生地。但苍蝇只在家畜（禽）排出几天或 1 周内的粪肥内繁殖，一般不在堆肥内繁殖。

②生活垃圾与废料：食品加工后出现的垃圾种类很多，堆积在一起，是苍蝇主要的滋生地，水果、蔬菜加工后的残渣也是苍蝇的繁殖场所。

③其他有机肥：如鱼粉、血粉、骨粉、豆饼、虾粉等

均是苍蝇滋生地。

④污水：在适合的条件下，苍蝇能在污水淤渣，结块的有机废料，开放的污水沟、污水池内繁殖。厨房污水渗入土内也是其滋生地。

⑤植株、草料堆：在郊区、城乡结合部及农村，作物、蔬菜、杂草堆、腐烂发酵地也是苍蝇繁殖的场所。

（2）季节消长与越冬：一个地区蝇的种称为蝇相，而同一个地区各种类的比例称为蝇种组成。由于气候、高度、地理位置、孳生环境等的不同，不同地区的蝇相和蝇种组成亦不相同。此外，每一蝇种一个地区一年四季的数量分布亦不相同，在我国大多数蝇类的季节分布可分为两个类型，一为单峰型，多为耐热蝇种，一年中以 7、8、9 三个月为其密度高峰；另一型为双峰型，这种类型的蝇类一般适于在较低温度中生长繁殖。因此，多有 4～5 月份、10～11 月份 2 个密度高峰，而在较热的 8～9 月份数量明显下降。

苍蝇在自然条件下，每年发生代数因地而异，在热带和温带地区全年可繁殖 10～20 代；在终年温暖的地区，苍蝇的滋生可终年不断，但在冬天寒冷的地区，则以蛹期越冬为主。苍蝇在我国大部分地区发生时期为每年 3～12 月份，但成蝇繁殖盛期在秋季。苍蝇在人工控制条件下全年可以繁殖，适温下卵历期 1 天左右，幼虫历期 4～6 天，蛹期 5～7 天，成虫寿命 1～2 个月。

①季节消长：苍蝇每年的消长与空气温度有关系，它能影响发育速度、交配率、产卵前期、产卵与成蝇采食。

粪肥的发酵温度也是重要因素，热带与亚热带干热季节粪肥的干结，会影响苍蝇的繁殖。亚热带干热的夏天及寒冷的冬天苍蝇很少，温暖（20～25℃）的春、秋两季最多。大部分温带、亚热带区域，冬天苍蝇很少，春季逐渐或突然增多，经夏季到秋季密度下降。在沿海温带气候下苍蝇的消长与日照时间长短、湿度大小有关系。

②越冬：苍蝇在冬天并不真正休眠，它停留在畜舍内或其他建筑物内。在近北极地区很少发现成蝇，但有可能藏在保温好的畜舍内。越冬成蝇雌蝇在 5～15℃变温下很少活过 3～4 个月。

（3）食物：成蝇的主要食物是液汁、牛乳、糖水、腐烂的水果、含蛋白质的液体、痰、粪等。也喜欢在湿润的物体如口、鼻孔、眼、疮疖、伤口、切开的肉面及各种食物上寻求食物。总之，一切有臭味的、潮湿的或可以溶解的物质都为苍蝇所嗜食。

苍蝇口器中的唇瓣，当吸取食物时充分展形。唇瓣的内壁很柔软，能紧密地贴住食物的表面，然后通过内壁上的环沟将汁液物质吸入。这样不到半分钟，苍蝇就能得到两次充分的饱食。对于干燥物质的吸食，例如干的血液或糖、痰以及糕饼之类，苍蝇先吐出涎腺的分泌液，或呕出藏于嗉囊内一部分吸食的液汁，即一般所称的吐滴以溶解之，然后再行吸取。雄蝇仅喂水与糖或其他能吸收的碳水化合物，就活得很好；雌蝇因为要产卵需要蛋白质或氨基酸，但无须脂类物质。苍蝇能采食各类食品及垃圾、排泄物（包括汗及畜粪）。苍蝇触角上的嗅觉器不十分灵敏，仅能被较近距离的食物气味所吸引，它凭着视觉进行广泛的探索活动，以寻找食物。对湿度与臭味的辨别仅在短距离内，苍蝇能嗅出发酵与腐烂物质的气味，醇类、低级脂肪酸、醛类及脂类（可能包括或不包括甜味）。另外，对有毒物质如氯仿、甲醛及某些有机磷农药亦有反应。

蝇是杂食性昆虫，喜欢吃的食物很多。人工饲养蝇的目的就是让其多产卵，多育蛆，因此，食料是非常重要的因素。养好成虫，必须满足蛋白质饲料和能量饲料的供应，因为蛋白质饲料的满足与否直接影响雌蝇卵巢的发育和雄蝇精液的质量，而能量饲料是维持蝇生长和新陈代谢作用的需要。成蝇营养对成蝇寿命及产卵量均有较大影响。据报道用奶粉、奶粉＋白糖、奶粉＋红糖饲喂成蝇寿命较长，可存活 50 天以上，单雌产卵量分别为 443 粒、414 粒、516 粒；单饲白糖、动物内脏、畜粪等成蝇存活时间短，单雌平均产卵量分别为 0 粒、114 粒、128 粒。

（4）活动与栖息：苍蝇是在白昼活动频繁的昆虫，具有明显的趋光性，夜间则静止栖息。活动、栖息场所，取决于蝇种、季节、温度和地域。在某些季节，厩腐蝇、夏厕蝇、市蝇也会侵入住宅内。大头金蝇、丝光绿蝇、丽蝇、伏蝇、麻蝇等则主要活动、栖息于户外。

苍蝇的活动受温度影响很大。它在 4～7℃时仅能爬行，10～15℃时可以飞翔，20℃以上才能摄食、交配、产卵，30～35℃时尤其活跃，35～40℃因过热而停止活动，45～47℃时致死。

苍蝇善于飞翔。飞行速度可达每小时 6～8 千米，最高每昼夜飞行 8～18 千米。但平常多在滋生地半径 100～200 米范围内活动，大都不超过 2 千米。

苍蝇的越冬方式颇为复杂。既能以蛹态越冬，也能以蝇蛆、成虫方式越冬。在北方寒带、温带地区，自然界看不到活动态的蝇，在人工取暖的室内仍有成蝇活动，蔬菜大棚温室往往成为翌年春暖时苍蝇大量滋生的发源地。在江南和部分华北地区，冬季平均温度在0℃以下，苍蝇能够巧妙地以蛹态越冬，少数地区也能发现蛰伏的雌蝇被畜禽粪覆盖的蝇蛆。在华南亚热带地区，平均气温在5℃以上，苍蝇不存在休眠状态，可以继续滋生繁殖。

（5）雌雄分别

①看它们的个体：群体中个体较小的一般为雄性，个体较大的一般为雌性。

②看它们的肚子：雄性苍蝇的肚子小而扁，雌性苍蝇的肚子大而圆。

③看它们的屁股：雄性苍蝇的屁股是圆形的，雌性苍蝇的屁股是尖型的。

（6）交尾与产卵：羽化后的成蝇经过 2～3 天生殖系统发育成熟，雌、雄蝇即出现交尾现象。与其他动物相似，在行为上一般雄蝇比较主动，经常可见雄蝇追逐雌蝇，飞到雌蝇背上，尾部迅速接近雌蝇尾部，此时若雌蝇性已成熟，便迅速伸长产卵器，插入到雌蝇体内。一对交配着的蝇可以久停在一处，可以一同爬行，也可以一同飞翔。此时雌蝇双翅多呈划桨式抖动，可以认为是雌蝇接受交配的标志。视觉似乎是交尾的主要因素，但嗅觉的刺激及性外激素也较重要。

交配大多在清晨或上午，午后交配者少。雌、雄蝇有效交尾时间约为 1 小时，大多数在羽化 3～4 天交尾完毕，交尾后 1～2 天即开始产卵，从羽化至产卵一般是 5～6 天。产卵的高峰期在每天的 17：00～19：00。雌蝇大多接受 1 次交配，雄蝇为多配性。雄蝇 1 次有效的交配可将精液全部耗尽，以后就失去性的接受能力。雄蝇的精液也能刺激雌蝇产卵，储存在雌蝇受精囊中的精子，能延续 3 周或 3 周以上，使陆续发育的卵受精。

图 2-3　交配中的成蝇

蝇多在粪便、垃圾堆和发酵的有机物中产卵，雌蝇很少把卵产在物质表面，一般是产在稍深的地方，如各种裂口和裂缝中，卵多粒粘在一起，成为 1 个卵团块。蝇一生产卵 4～6 次，平均每次产卵 100 多粒。雌蝇 1 次交配终生产卵。在产卵过程中雌蝇如被干扰，每次产 1 簇，几个雌蝇常将卵产在同一地点。雌蝇产卵时，将其像活塞式的产卵器迅速伸长插入松软的饵料缝隙内产卵，因此卵能得到很好的保护，不易被专以卵为食料的动物和其他昆虫如蚂蚁所发现，同时又能保证蝇卵孵化的温度和相对湿度，这样很有利于蝇蛆的繁殖生长，这也正是多年来蝇不易被人类消灭的重要因素之一。实验室饲养的蝇，一只雌蝇能产卵十多批。

（7）对光的反应：成蝇对光的反应很复杂。新羽化的成蝇向上爬（负趋地性），但喜欢黑暗处（负趋光性）。较老的苍蝇对光无一定的趋性，有时喜欢黑暗或在光暗交界处，也有向光的。被干扰的群集苍蝇常向光亮方向飞行。在 27℃以下常趋向有阳光处，以取得较好的温度。

苍蝇对颜色的反应有不同的试验结果。用有颜色的表面试验，苍蝇常避开光滑而反光的表面。在室内苍蝇常喜欢深色、黑、深红的表面，蓝色次之，但在室外则喜欢黄及白的表面而避开黑的。试验还发现苍蝇对不同颜色的光源（排除热的吸引）没有显著差异。金红色及红光（热源）常在较低温度（19℃）时容易吸引，蓝或紫外光在较高温度（28℃）容易吸引苍蝇。

（8）温度、湿度：温度是影响蝇幼虫期发育与成蝇生存繁殖的重要生态因素之一。成蝇喜欢温和的气候条件，亚热带比较暖和的地方，常年都可以见到成蝇的存在；温带只有在夏、秋季节才能看到成蝇的活动，成蝇在适温下寿命可达 50～60 天。雌蝇的产卵前期（即从羽化至首次产卵的时间）长短，与环境温度密切相关：在 15℃时平均为 9 天，在 35℃时仅需 1.8 天，在 15℃以下时不能产卵。成蝇在 30～35℃时最为活跃，35℃以上则静息在阴凉处，45℃以上为致死温度。成蝇对温度的反应：35～40℃（初羽化为 27℃）时静止，致死温度为 45℃以上，在 30～35℃活动最活跃，温度下降活动能力减弱，产卵、交配、取食及飞翔在 10～15℃时停止，在 4～7℃时仅能爬动。成蝇成虫对湿度要求不太严格，成虫期以空气相对湿度 50%～80%为宜，湿度过高时，成蝇则不喜欢。

（9）寿命：影响苍蝇寿命的因素有温度、湿度、食物和水。温度 25～33℃，空气湿度 60%～70%最佳。

雌蝇要比雄蝇活得长，其寿命为 30～60 天；在实验室条件下，可长达 112 天。在低温的越冬条件下，苍蝇可生活半年之久。

（10）天敌：苍蝇虽然繁殖力强，家族兴旺，但子孙后代有 50%～60%由于天敌侵袭和其他灾害而夭亡。苍蝇的天敌有三类：一是捕食性天敌，包括青蛙、蜻蜓、蜘蛛、螳螂、蚂蚁、蜥蜴、壁虎、食虫虻和鸟类等。鸡粪是成蝇和厩蝇的滋生物，但其中常存在生性凶残的巨螯螨和蠼螋，会捕食粪类中的蝇卵和蝇蛆。二是寄生天敌，如姬蜂、小蜂等寄生蜂类，它们往往将卵产在蝇蛆或蛹体内，孵出幼虫后便取食蝇蛆和蝇蛹。有人发现，在春季挖出的麻蝇蛹体中，60.4%被寄生蜂侵害而夭亡。三是微生物天敌，芽孢杆菌可以抑制苍蝇滋生，我国学者也发现蝇单枝虫霉菌孢子如落到苍蝇身上，会使苍蝇感染单枝虫霉病。凡此种种，都值得蝇蛆养殖者注意。

2. 卵

卵期的发育时间为 8～24 小时，与环境温度、湿度有关。

（1）温度：卵在 13℃以下不发育，低于 8℃或高于 42℃则死亡。在下列范围内，卵的孵化时间随着温度的升高而缩短：22℃时，20 小时；25℃时，需 16～18 小时；28℃时，需 14 个小时；35℃时，仅需 8～10 小时。

（2）湿度：生长基质的湿度也对卵的孵化率有影响，相对湿度为 75％～80％时，孵化率最高；低于 65％或高于 85％时，孵化率明显降低。

3. 幼虫

苍蝇的幼虫俗称蝇蛆，有三个龄期：1 龄幼虫体长 1～3 毫米，无前气门，后气门仅一裂。蜕皮后变为 2 龄，2 龄幼虫长 3～5 毫米，有前气门，后气门有二裂。再次蜕皮即为 3 龄，3 龄长 5～13 毫米，有前气门，后气门三裂。

蝇蛆体色，1～3 龄由透明、乳白色变为乳黄色，直至成熟、化蛹。3 龄幼虫呈长圆锥形，前端尖细，后端呈切截状，无眼、无足。蝇蛆的生活特性是喜欢钻孔，畏惧强光，终日隐居于孳生物的避光黑暗处。它具有多食性，形形色色的腐败发酵有机物，都是它的美味佳肴。幼虫期是苍蝇一生中的关键时期，其生长发育的好坏，直接关系到种蝇的个体大小和繁殖效率。

（1）影响蝇蛆生长发育的主要因素

①温度：它的高低直接关系到蝇蛆的发育时间长短。最适环境温度（培养基料温度）为34～40℃，发育期可缩短为3～3.5天；温度25～30℃时，发育期为4～6天；温度20～25℃时，发育期为5～9天；温度16℃时，发育期长达17～19天。发育期最低温度为8～12℃，高于48℃则死亡。

②湿度：1～2龄期蝇蛆的适宜环境湿度为61%～80%，最佳湿度为71%～80%。3龄期蝇蛆的适宜环境湿度为61%～70%，超过80%便不能正常发育。可见蝇蛆的发育需要一定的湿度，但并非越高越好。在生产实践中，适宜的湿度为65%～70%；低于40%，蝇蛆发育停滞，化蛹极少，甚至导致蝇蛆死亡。

（2）饵料：成蝇幼虫在自然界对基质的适应能力很强，各种不同程度腐败的有机质都能成为其营养源。幼虫的食料主要是蛋白质被分解的各种氨基酸、碳水化合物、维生素B族和固醇类等。幼虫从食物中若能充分得到这些物质，它的生长过程就能得到正常发育。若饵料中的营养成分不能满足幼虫生长发育时，幼虫的生长期就会延长，若饵料中的营养物质严重不足时，幼虫的生长发育就会受到阻碍，幼虫生长达不到正常标准体重就化蛹，进而影响成蝇质量，严重时还会出现大批幼虫逃逸和死亡。

(3）通气性：空气流通有利于蝇蛆的生长发育。在垃圾堆里，蝇蛆常分布于具有较大空隙的墙角、墙根处。

掌握了蝇蛆的生长特性，用于指导生产实际，对于提高蝇蛆养殖效益大有裨益。

4. 蛹

蛹是苍蝇生活史上的第三个变态。它呈桶状即围蛹，其体色由淡变深，最终变为栗褐色，长5～8毫米。蛹壳内不断进行变态，一旦苍蝇的雏形形成，便进入羽化阶段。羽化时，苍蝇靠头部的额囊交替膨胀与收缩，将蛹壳头端挤开而爬出，穿过疏松沙土或其他培养料而到达地表面。从化蛹至羽化，称为蛹期。

影响蛹生长发育的外界因素主要有以下几个方面。

（1）温度：3龄期蝇成熟后，即趋向于稍低温的环境中化蛹。但低于12℃时，蛹停止发育；高于45℃时，蛹会死亡。在适宜范围内，随着温度升高，蛹期相应缩短。16℃时，需要17～19天；20℃时，需要10～11天；25℃时，需要6～7天；30℃时，需要4～5天；在35℃时，仅需3～4天，此为最佳发育温度。

（2）湿度：据试验，适宜蛹发育的最佳培养料湿度为45%～55%，高于80%或低于15%，均会明显影响蛹的正常羽化。如果蛹被水浸泡，时间越长，蝇蛆化蛹率越低，蛹的羽化率也下降。有人曾从液体垃圾中捞到1000个蝇蛹，转入干燥环境后，结果1个也未能羽化为成蝇。

值得一提的是，如果在培养蝇蛆的养分不足，蝇蛆在没有完全发育的情况下勉强化蛹，这种蛹也一样能够孵化成成蝇，但这种成蝇95%以上都是雄性，只吃食物不产卵，一星期左右全部死亡。所以，用来留种化蛹的蝇蛆，一定要用充足的养料把它们养得肥肥胖胖，它们的雌性比例就越大。只有雌性种蝇多了，产卵量才有保障，产量才会稳定。

第3章 蝇蛆养殖场地及方式

成蝇的养殖可分为普通培育及无菌种蝇的养殖两种方法。普通培育的养殖成本低、方便、易行，但产量低，且污染环境。无菌蝇蛆的产量高、营养价值高、无菌、无臭味、实用，但需要一定的技术。

蝇蛆以畜禽粪便为食，生长繁殖极快，人工养殖不需很多设备，室内室外、城市农村均可养殖。有条件的可采用高技术繁殖无菌蝇蛆，进行综合开发；暂时不能利用高技术者，可不养种蝇，直接引诱自然界的苍蝇来产卵，直接繁殖鲜蛆来解决特种养殖动物所需的活体饵料。

一、场址选择

蝇蛆养殖的场地可选择在养猪、鸡场等的旁边，考虑到夏天的光线太强，养殖房能建立在有少量树阴的地方更好。水电是必不可少的，因为立体蝇蛆房必须安装温控设施（如风扇、排风扇、照明等），还有交通问题，小规模生产起码得斗车能出入畅通；规模较大者，汽车能自由进出。

蝇蛆养殖在很大程度上是有碍卫生的，因此在选择养殖地点时还要注意以下几点。

1. 远离住宅区

不能在住宅区的庭院内搞蝇蛆生产性养殖，因为一般住宅区的庭院面积不大，形不成养殖规模，鸡粪或其他废弃物在院内堆积，成蝇入室叮爬，会影响人体健康。

2. 注意常年风向

要注意当地的常年主导风向，将蝇蛆养殖场所设在鸡场的下风侧，以免臭味飘入饲养室和鸡舍，影响饲养员健康和鸡群的健康成长。

3. 远离水源

蝇蛆养殖场所必须远离自备水源和公共水源地，以免污水渗入地下，造成水质恶化，影响用水。

4. 废弃物堆放场

蝇蛆生产性养殖场所，必须有专用场地，供鸡粪和蝇蛆养殖废弃物堆放，以防造成环境污染。

二、蝇蛆养殖方法

目前，蝇蛆已逐步形成产业，养殖形式多样，在这里介绍苍蝇（蝇蛆）的几种养殖方式。

（一）简易养殖法

农村饲养蝇蛆做畜禽和特种动物饵料，可就地取材简易生产，现将常用的几种蝇蛆简易生产方法介绍如下。

1. 塑料盆（桶）繁殖法

少量生产可用此法，每个塑料盆生产的蝇蛆 1～1.5 千克。将新鲜动物内脏、垃圾等放在苍蝇较多的地方，让苍蝇在上面产卵，早放晚收，将收集的蝇卵放入直径 60 厘米的盆里（或直径 30 厘米的塑料桶）。向塑料大盆里洒水保持湿润，加盖，经过 2～3 天蛆虫就会长出来。缺点是需要多只塑料盆（桶）。

这一方法可在野外养殖蝇蛆，不必引种。饲养蝇蛆，其食物量由少到多投喂，即将新鲜鸡粪、猪粪按1∶1投入盆里，一个直径60厘米的塑料盆日投料1千克（桶养投料减半），再喷洒3%糖水100毫升（或糖厂的废液、糖蜜），经4～5天后可长出蛆来饲喂动物。

取喂方法：将水注入盆里，用木棍轻轻搅动，将浮于水面的鲜蛆捞出，洗净消毒后直接饲喂动物。渣水倒入沼气池或粪坑发酵，灭菌消毒。若用来喂龟鳖、鳝、鱼，可连粪渣一起倒进池塘饲喂。

2. 豆浆血水单缸繁殖法

此法适合城镇特种养殖种苗场或食品加工厂兼营养殖，生产少量蝇蛆时采用。

将500克黄豆磨成豆浆倒入缸内，再加10千克水拌匀，然后倒入2.5～3千克新鲜猪血或牛血，再加入洗米水5千克拌匀，让苍蝇来缸里采食产卵，以捞取蝇蛆喂动物，一次投料可连续使用2～3个月。

这一育蛆法的要求是，缸内要保持40～50千克豆浆血水，当豆浆血水挥发减少时要注意添加，另外缸必须放在苍蝇较多的地方。

3. 多缸粪尿循环繁殖法

此法适合小型饲料养殖场、小鱼塘和种苗场采用。

取能装30千克水的瓦缸12个，放在苍蝇较多的地方分两行排好，按顺序编好1～12号。第1天在1号缸投放新鲜鸡粪1千克，新鲜猪粪1千克，人粪500克，烂鱼或动物腐肉、内脏250克，以后每天加尿水保持湿润。第2天按照第一天方法和数量投放2号缸，第3天投放3号缸，以此类推，这样投放完12个缸后，到第13天就把第1号缸的成蛆连同粪渣一起倒入池塘喂鱼。若是饲喂畜食，可将水注缸内，让蛆虫浮到水面，捞出饲喂。然后倒掉粪水，将缸洗净，按照第1天的做法重新投料。第14天取第2缸，第15天取第3缸，这样依次轮换下去周而复始，不断获取新鲜蝇蛆作为畜禽饲料和动物活体饵料。

4. 牛粪育蛆法

此法适合小型养殖场和种苗场采用。

把晾干粉碎的牛粪混合在米糠内，用污泥堆成小堆，盖上草帘，10天后，可长出大量小蛆，翻动土堆，轻轻取出蛆后，再把原料装好，隔10天后，又可产生大量蝇蛆，提供活饵料。

5. 平台引种水池繁殖法

此法适用于小规模养殖场。

建池24个，每天投料2池，采用循环投料法，日产鲜蛆6千克，可供养12头肉猪或300只小鸡食用。

(1) 建1平方米的正方形小水泥池若干个，池深5厘米。在池边建1个200厘米与池面持平的投料台，然后向池内注水，水位要比投料平台略低，池上面搭盖高1.5～

2 米的遮阳挡雨棚。

（2）在投料平台上投放屠宰场丢弃的残肉、皮、肠或内脏 500 克，也可投放鼠、兔等动物尸体 300 克，引诱苍蝇来采食产卵。

（3）将放置在平台上 2～3 天的培养料放到池水中搅动几下，把附在上面的幼蛆及蝇卵抖落到水中，然后把培养料放回平台上再次诱蝇产卵。

（4）每池投放新鲜猪鸡粪各 2 千克，或人粪 4 千克，投料 24 小时后，待蝇蛆分解完漂浮粪后再次投料。

（5）在池内饲养 4～8 天，见有成蛆往池边爬时，及时捕捞，防止成蛆逃跑。用漏勺或纱网将成蛆捞出，清水洗净，趁鲜饲喂。

（6）当池底不溶性污物层超过 15 厘米，影响捕捞成蛆时，可在一次性捞完蛆虫后，将池底污物清除，另注新水。

6. 塘边吊盆饲养法

此法适用于水产养殖场。

在离塘岸边 1 米处，支起成排的支架，每隔 1～2 米远，将 1 个直径 40 厘米的脸盆成排吊挂在养殖塘面上，盆离水面 20 厘米左右。把猪鸡粪按等量装满脸盆，加水拌湿，洒上几滴氨水，再在盆面放几条死鱼或死鼠，引诱苍蝇来产卵。苍蝇会纷纷飞到盆里取食产卵，一个星期之后就会有蝇蛆从盆里爬出来，掉入水中，直接供塘中动物食用。采用这一方法设备简单，操作简便，2 千克粪料可产出 500 克鲜蛆。

具体操作要注意几点：一是盆不宜过深，以10～15厘米为宜；二是最好采用塑料盆，在盆底开2～3个消水洞，防止下大雨时盆内积水；三是盆加满粪后，最好能用荷叶或牛皮纸加盖3/4盆面，留1/4盆面放死动物引诱苍蝇，这样遮住阳光有利蝇蛆生长发育；四是夏日高温水分蒸发快，要经常检查，浇水，保持培养料湿润。

7. 水上培育法

此法适用于水产养殖场。

将长方形木箱固定于水上浮筏，木箱箱盖上嵌入两块可浮动的玻璃，作为装入粪便或鸡肠等的入口，在箱的两头各开1个5厘米×10厘米的长方形小孔，将铁丝网钉在孔的内面，并各开1个整齐的水平方向切口，将切口的铁丝网推向内面形成一条缝，缝隙大小以能钻入苍蝇为度。箱的两壁靠近粪便处各开1个小口，嵌入弯曲的漏斗，漏斗的外口朝水面。在箱盖两块玻璃之间，嵌入一块可以抽出的木板，将木箱分割为二。加粪前先将箱顶一块玻璃遮光，然后将中间隔板拔起，由于蝇类有趋光性，即趋向光亮的一端，再将隔板按入箱内，在无蝇的一端加粪。用此法培育的蛆，可爬入漏斗后自动落入水中，比较省事省力。苍蝇只能进入箱内，不能飞出，合乎卫生要求。

8. 室外地平面养殖法

本方法适合养鸡场。

在远离住房和靠近畜禽舍的地方，选一块地平整、夯实，以高出地面不积水为宜，作为培养面。一个培养面面积约 4 平方米，根据饲养规模来确定培养面的数量。

用铁或木料做一个能覆盖培养面的支架，高 50 厘米，在支架上面及两侧盖一层牛皮纸，遮挡直射阳光。再在支架四周围一层塑料布（东西两侧能掀开），做成一个罩，以利保温保湿。支架同培养面一样大，是活动的，能随时搬开，便于投料和取蛆。

在培养面上铺粪，用新鲜鸡猪粪，按 1∶1 拌匀后铺放，铺前先用水拌湿，湿度以不流出粪水为宜，然后把粪疏松均匀摊在培养面上，厚度 5～10 厘米，天热时薄，天冷时厚，最后把支架移到培养面上盖住粪层，把东西两侧塑料布掀开，在入口处粪面投入几只死鼠或 0.5～1 千克的动物腐尸、内脏、鱼肠等，引诱苍蝇进来产卵。铺粪后 24 小时内，要根据湿度要求喷几次水，保持粪层表面潮湿，以利苍蝇产卵以及蝇卵孵化。如果用鸡粪喷水即可；如果单独用猪粪，可在水中加 0.0003％的氨水或碳铵，以招引苍蝇飞来产卵。苍蝇在粪层产卵一昼夜后，可把支架东西两侧塑料布放下来，周围压紧，保持罩内温度，使蝇卵在粪层中孵化。

蝇卵在 25℃时经 8～12 小时即可孵化出蛆虫。蛆虫孵出后，仍要根据水分蒸发情况向粪层喷水，但不使粪层中有积水，以防蛆虫窒息。利用启闭支架东西两侧塑料布来调节罩内温度在 20～25℃。蛆虫生长后期，粪层湿度要降低，以内湿外干为好。

蛆虫孵化 6～9 天就可利用，原则上不能让大批蛆虫化蛹。由于蛆虫怕阳光直射，所以取蛆时可把支架移开，让阳光照射粪层，蛆虫就钻到粪层底部，把表层粪刮去，再把底层的粪和蛆扒开，放鸡进去啄食，这是最简便的收蛆方法。鸡吃完蛆后，再把粪扒拢成堆，加入50%的新鲜粪拌均匀，浇水摊平后又重新育蛆。此法温度在5℃以上即可进行，气温10℃以下加入20%的马粪发酵升温。若按每平方米产500克蝇蛆，每只鸡按日需20克计，4平方米培养面积生产1个周期可供100只鸡饲喂1天。

9. 室外土池饲养法

此法适合在林区、水库边的耕作区，在地头的肥堆、粪坑中结合养殖。

选择背风向阳、地势较高、干燥温暖的地方挖土池，规格为长2米、宽1米、深0.6米，放入畜禽粪便、稻草、甘蔗渣，浇水拌湿发酵后，投入死鱼、动物内脏等腥臭物。上面用木板盖好，木板上设置1个0.3米见方的活动玻璃窗让成蝇飞进采食产卵。注意在池外周围挖排水沟，池内不能积水。放料后每7～10天掀开木板盖，扒开表面粪层，赶鸡鸭去坑里采食，或连粪和蛆一起铲进桶内，倒进池塘水库喂鱼。

10. 室外塑料棚育蛆法

此法适宜于小规模养殖用，大棚面积可根据饲养大小决定，在大棚中设置立体蝇笼。

（1）优点：采用塑料大棚养苍蝇很容易满足苍蝇在繁

殖过程中的这些特征要求，其优越性有以下几点。

①饲养温度显著提高：不用专设采暖设施，在春、夏、秋棚内温度很容易保持在27～30℃，用棚顶草帘的卷起和遮盖，增温降温措施简便易行，几乎不增加饲养成本。即使在寒冷的冬天，棚内温度也能平均达到20℃左右。

②湿度稳定易保持：在普通民房中养苍蝇，要保持一定的湿度需不断向地面洒水，而在塑料大棚中，因密闭性好，在没用水泥硬化的地面上，不需洒水，不用专门调节湿度。

③光照充足：在塑料大棚中，掀开棚顶草帘，经塑料薄膜过滤的阳光映亮在整个大棚中，简便易行。

图3-1 塑料棚内的蝇笼（内部）

（2）饲养笼：笼架上系有同样大小的纱网，纱网一侧的一端中央为直径20厘米左右、长33厘米的布袖，以便取放苍蝇和更换食料。将饲料置于饲养池中，厚度以不超过 4 厘米为好，然后将刚刚采集到的成蝇种或羽化后的成蝇放入笼内，饲料上放信息物诱使成蝇产卵，卵孵化后的幼蛆慢慢分散开并钻入饲料，幼虫吃饲料时，一般自上而下，如池中湿度大、温度高或饲料不足、虫口密度过大等，致使幼蛆向外爬，饲养人员要随时检查，及时采取措施，如添料或降温、降湿等。笼内要放饲养皿（直径 7～9 厘米），盛放砂糖供成蝇取食，或其内放一块吸饱水的泡沫塑料，为成蝇提供水源，也可以用以诱卵。成蝇每笼养殖 8000～10 000 只。

11. 果树施肥兼育蛆

此法是将育蛆与果树施肥结合起来，适合在果林间养禽采用。

具体操作是：幼龄果园中，在离树 40～50 厘米处挖环状沟，沟宽 20～30 厘米，深 30 厘米，每条沟内放新鲜猪鸡粪各一担，再放些死鼠、动物内脏或猪毛血水等引苍蝇来产卵，每天注意浇水保持湿润，3 天后用草皮将粪盖住，一星期后掀开草皮，放鸡进园扒粪吃蛆。然后再覆盖好，一星期后又再扒开喂鸡。如此重复 4～5 次后，蛆虫暂少，可盖土填平育蛆沟，即完成果树施肥。果园侧沿着树冠下开挖 3～4 个对称点状育蛆坑，规格为长 0.8 米、宽 0.4 米、深 35 厘米。

12. 水泥池养

水泥池造价较高，所以此法适宜于较大规模养殖使用。

在厕所附近，用砖砌成长100厘米、宽70厘米、深50厘米的长方形繁殖池，内壁和底部抹上水泥，磨光。池建好后，将人粪和畜禽粪、畜骨、动物内脏、血块等装入池内，畜骨要砸碎，内脏须剁细，装料15～20厘米厚为宜。让苍蝇自由爬行接种12～24小时，再用纸板或双层塑料布覆盖，使池内温度保持在26～27℃。接种48小时后开始出现幼蛆，72～96小时后为出蛆高峰。正常情况下，1000克粪便可产蛆370～420克，1000克畜骨产蛆510～550克，1000克内脏可产蛆680～750克。若繁殖过快，不能及时利田，成蛆重新变蛹，羽化成蝇，这样既污染环境，又浪费饲料。繁殖成熟的蛆，大都在粪便的表面，收取时将表面的蛆铲入清水盆中，用木棍搅动，让蛆浮于水面，即可用网筛捞出。同时补充原料，以保证随时取用。

13. 田畦培养蝇蛆

田畦培育蝇蛆方法简单，投资小，见效快，收益大，群众易接受，是解决养殖饲料的有效途径之一。

选择背风、向阳、温暖、安静和地势较高的地块做田畦，畦的北边最好置避风屏障如篱笆等。畦一般长3～4米、宽1～1.5米，修成4～5个为一组的完全相同的东西向田畦。畦间埂宽15厘米，高20厘米，畦底要平坦，用前灌水3～6厘米，平整夯实后让其暴晒。若生产量较大，还可以修建多组这样的田畦组成循环生产线。

田畦培育蝇蛆，可选择质量好的鸡粪或猪粪少许加多量的酱油渣（酱油渣的成分含60%豆饼，30%麦麸，10%玉米面，此外还含有盐分3%左右，水分5%左右）做原料。将湿的酱油渣和鸡粪以6∶1的比例混合均匀，配成蝇蛆的培养基料。如果发现原料较干时，要适当加水拌和，湿度以手能抓起握成团并有水分溢出为准。

准备好农用钉耙、淋水壶、铁筛、簸箕等工具。在每组田畦上设置一个与田畦面积同样大小、五面长方体的控蝇罩笼，其高度为50厘米左右，使蝇只能进、不能出。具体做法是：在田畦四周用铁纱布做成围墙，上面用塑料薄膜盖严，然后用菜刀在四周的铁纱壁上砍数个与畦面平行的刀口，并使铁纱刀口的破头向内，使蝇刚好能钻进去。如果经济条件所限，也可以不设罩笼，而改用塑料薄膜，用砖块和秸秆垫架，使塑料薄膜与畦面有一定的空间，让蝇能出入自由，光强时用苇帘遮光以防过热。

气温稳定在23℃左右时，选择一个晴朗的日子，将原料均匀铺在准备好的田畦底面上，每平方米铺放基料40～45千克，厚度为5.5～7.5厘米，如果基料少或湿度大时可铺薄点。铺好后淋水，使基料表面湿度保持在65%。基料铺好后，将含有70%水分的动物废弃下脚料剁碎，均匀地堆放在田畦基料的表面上，以引诱成虫前来产卵。当基料、诱料铺好后，苍蝇就会相继而来。此时应将罩笼安装好，以防止苍蝇受惊而乱飞。同时，应注意遮强光、防干、防雨、保湿。经过一两天的观察，蝇卵或幼蛆达到一定数量时，撤罩平移到下个新铺基料、诱料的田畦上使用。待罩笼移去后，用相当于当时铺入田畦基料量万分之一的酵母，用水溶解成液体均匀地泼洒全畦，随后将新配好的培育蝇蛆的基料铺上一层，厚度为1～2厘米，能刚好把带蝇卵或幼蛆的诱料盖上，以确保蝇卵与幼蛆发育所需的温度、湿度及营养。然后淋水，使基料表面含水分达到65%，再遮上塑料薄膜。并注意保证通气良好，严防暴晒。

诱蝇量的多少是培育蝇蛆产量的关键，所以田畦基料、诱料在当天上午10时前铺好后，要注意观察田畦的诱蝇量及影响诱蝇的因素，随时调整诱料的数量和质量，并增设避风和避强光的屏障，创造苍蝇前来觅食产卵所需的温度（25℃左右）及背风、温暖的环境条件。

在阳光较强的情况下，基料、诱料的表面容易失去水分而干燥，甚至成膜，直接影响苍蝇的觅食、产卵和孵化。为了确保产量和孵化率，在铺畦后的1～3天里，一定要注意检查培养基料、诱料的湿度，保持基料含水分60%～65%，诱料含水分70%，不足时要随时淋水调节湿度，并注意注入的水温差要小，以免突然降低温度影响蝇卵的孵化和蝇蛆的生长发育；雨天来临之前要用塑料薄膜盖好，雨后及时撤去，保持培养基料的最佳温度、湿度和氧气。经过3～4天的精心培育与管理，蝇卵即发育成蛆虫。

在6月中旬后，一般气温都平均在23℃以上，是苍蝇活动、产卵、孵化、发育的适宜时期，若无特殊降温或大雨、暴雨的袭击，培养4天后每平方米能育成老熟蝇蛆2千克左右。收获时要按照当时铺基料和撒诱料的时间顺序进行，否则不是蝇蛆太小，就是蝇蛆过老爬出田畦或钻到较松的泥土里化蛹。

蝇蛆收获时，要解决好料、蛆分离的问题，具体方法是：蝇蛆培育4～5天时，利用光线较强的阳光照射，使培育基料表面增温，逐渐干燥，蝇蛆在光照强、温度高、湿度逐渐变小的恶劣环境条件下，自动地由表面向田畦培养基料底部方向蠕动，待基料干到一定程度时，用扫帚轻轻地扫1～3次，扫去田畦表层较平的培养基料，逐步使蝇蛆落到最底层而裸露出来，计蛆虫达到80%～90%时，收集到筛内，用筛子筛去混在蛆内的料渣、碎屑等物，集积于桶内便可做饲料投喂。活饵投喂时，应用3%～5%的食盐水消毒；若留作干喂时，用5%左右的石灰水杀死、风干。如果培养基料丰富，也可不过筛，直接消毒后投喂。

筛出的残渣碎屑和扫出的干基料与新的原料再可配成新的培育基继续使用。这样每组每天收一畦，铺好一畦，4～5天一个生产周期，如此往复循环生产，直到温度低于20℃为止。

（二）规模化养殖法

随着农村科学技术水平的提高和生产条件的改善，当前蝇蛆生产的不足之处将会得到克服。农户生产蝇蛆将从饲养种蝇开始，逐步采用小型苍蝇农场的高效益养殖模式。

1. 办场基本条件

（1）饲养种蝇数目的测算：据测定，产卵高峰期每

1万只苍蝇产的卵经5～6天饲养，可产鲜蛆4千克。日产鲜蛆100千克，则需要正常处于产卵高峰期的25万只成年苍蝇，为了保险，一个生产单元的种蝇饲养数量应确定为30万只。考虑到种蝇产完卵后要淘汰更新，一个更新周期至少要4天。因此，要准备两个单元以上的种蝇生产规模，才能保证持续不断供应日产100千克蝇蛆需要的卵块。

（2）种蝇房的面积及蝇笼数量：目前，饲养种蝇有房养、笼养两种。按每个蝇笼长1米、宽1米、高0.8米放养1.2万只种蝇计，一个单元需要25个蝇笼，蝇笼在室内分上下两层吊挂固定，30平方米房摆放26个蝇笼。两个生产单元共需60平方米种蝇房和50个蝇笼。

（3）育蛆培养面积的计算：按1平方米养殖面积可产500克鲜蛆计算，日产100千克鲜蛆需200平方米养殖面积。如果采用平面养殖则1个单元需要建总面积250平方米的塑料棚，若采用搭架立体养殖，按4层计算需建1个70平方米的塑料大棚。棚内搭架与扩建棚面相比，投资基本相同，如土地条件允许，目前农村宜推广平面养殖。按蛆从孵出到成熟期5天计算，要保证连续出蛆，采用流水作业法，则需建5个生产单元。即平面养殖1250平方米，立体养殖350平方米。

（4）粪料（培养基）的准备：日产100千克鲜蛆需要400千克粪料，按猪粪2份、鸡粪1份的配方，需要猪粪266千克，鸡粪123千克。按1头猪日排粪4千克、1只鸡日排粪68克计算，则需要70头猪和1725只鸡提供鲜粪。如果不能与养殖场合作，苍蝇农场必须自养大约80头猪和

2000只笼养鸡。才能保证日产100千克蝇蛆的足够用粪。

饲养成蝇（成虫）是为了获得大量的优质蝇卵，以供饲养蝇蛆用。成蝇最好从科研单位引进无菌苍蝇作为种蝇，也可以诱集野生蝇，但由于野生蝇带菌，繁殖率低，幼蛆个体小，生产效果较差。

2. 种蝇养殖法

国内目前养殖种蝇的方式有两种，即房养、笼养养殖。房养、笼养养殖方式各有所长，笼养隔离较好，比较卫生，能创造适宜的饲养环境，但房舍利用率不高；房养则可提高房舍利用率，且设备简单，省工省本，比较适宜于大规模连续生产，但管理不便，成蝇易于逃逸。

（1）房养：可以利用旧屋改造，但不能存放过化肥、农药、化工原料、有毒物质。饲养室最好有恒温设备以便四季养殖，墙壁和屋顶最好有绝缘材料以利于保温。简单的保温方法可用加热器或电炉接1个控温仪，保持室温25～28℃，也可用煤炉、土炕等，但煤气不得泄入室内。有条件的地方可安装空调控制室温，并要在室内放水盆及安装排风扇等，使室内空气相对湿度达到50%～70%。种蝇房光线不足时，可用日光灯补光，以保障种蝇生长繁殖对光照的需要。幼虫饲养房则要保持暗环境，只要工作人员能操作即可，也可安装电灯，操作时打开，操作完毕即关灯。

生产步骤：选择场地→建设养殖房→发酵粪料→引进或驯化种苍蝇→循环生产。

操作步骤：发酵粪料→送入蝇蛆房→堆成条状→放上集卵物→产卵后覆盖卵块→保水保温育蛆→自动分离→收取成蛆→综合利用→铲出残粪→重复循环生产。

现以建造1个长10米、宽4米的养殖房为例。

图3-2 房养

①窗的建设：窗要设立在两个池的中间，每个窗的尺寸为高2.2米、宽2米。窗要先用60目的塑料纱窗网封住，再用1目的钢丝网封在塑料纱窗的外面，防止老鼠咬烂塑料纱窗。

②房屋的高度：两边侧墙（安放窗的墙）高度为2.8～3米，主墙（安放排风扇的墙）高度为3.3～3.8米。排风扇可把养殖房内的空气排出，需要在养殖房内给排风扇做1个有铁架和纱窗的过滤罩，以防止苍蝇乘机逃跑。

③温控设施：立体蛆房的二三层要求采用少量的钢筋

水泥结构，安装4个风扇和4个排风扇，以及来回穿插的供苍蝇歇脚的绳子等。

④收蛆池的设立：立体蝇蛆养殖只在与操作通道相接的一面两角有收蛆池，两个池的相连处安放收蛆池。

⑤房顶设置：从房顶分别向两边的1/2采用水泥瓦，剩余的1/2采用透明材料，如透明塑料瓦、大棚膜、玻璃瓦等，以保证养殖房内足够的光线。在房顶向两边的1/2中间分别安放4个废气排放桶（把容量为20千克的塑料桶用小拇指大的铁条打无数小孔，把桶盖用铁丝固定在桶的底面上。安装时先在1块水泥瓦上划开1个比桶口稍小一点的口，把桶倒过来放在水泥瓦口上，用水泥固定。屋顶两边共安放8个。

⑥安装风扇、排气扇：室内需要安装4个壁扇，安放的位置是操作通道两头的墙上各安装1个、操作通道中间的横梁上背靠背各安装1个；4个排气扇分别安装在最两头的最上层蛆池的上方。室内的风扇由安放在大门外的温控仪控制，排气扇则由安放在大门外的微电脑开关控制。

⑦防逃设施：房屋瓦下面全部用60目的纱窗布封住，大门采用钢丝纱窗门。大门外要建立长2米，宽1.6米的过道，过道要用水泥瓦搭顶，过道的作用是把蛆房门打开后，防止开门时苍蝇发现门外的强光而飞出来，因为有了过道，光线不是特别强。

⑧安装绳子：在室内用绳子来回固定供苍蝇歇脚，绳子固定的方向与操作通道方向垂直。按通道长度方向计算，每米需要8条绳子。

⑨加温设施：在大门相反的通道尾建立 1 个 1 平方米的炉灶（炉中心是 1 个大铁桶），此炉灶主要用来烧锯末（也可烧煤、柴），炉高 1.3 米，炉盖用 1 块铁板盖严（密封），铁板上有 2 个直径为 35 厘米的孔，每个孔连接着 2 条薄铁管，每条铁管沿着蛆池的第 3 层到大门转弯向上 1 米钻出蝇蛆房，目的是通过铁管把热量留在蝇蛆房内，而把燃烧的废气排出室外。炉灶的进料口设立在大门相反方向的墙外，完全在室外操作。操作口分上下两个，上口为进料口，下口为排灰口，每个口都有 1 块活动的铁板能够封住炉口，下面排灰口的铁板最底部有个小洞，小洞处安放 1 个 30 瓦的鼓风机。鼓风机是由温控仪来控制的，其操作原理是：先把温控仪设定在 25℃，当蝇蛆房室内温度低于 25℃时，温控仪自动把鼓风机的开关打开，炉内锯末等在鼓风机的作用下加快燃烧，蝇蛆房室内的温度就会提高；当室内温度提高超过 25℃时，温控仪又会自动把鼓风机电源关闭，炉内锯末燃烧放慢，当温度再低于 25℃时，会重复上述过程。

种蝇房养时，在淘汰种蝇后也应彻底清洗地面及四周壁面，用紫外灯消毒 2～3 小时。

（2）笼养：笼养是 20 世纪 80 年代初就开始使用的一种传统养殖方式，这种方式是把苍蝇关在笼子里养起来，每天给它喂食喂水，换料，取卵，蛆用麦麸来养，这种养殖方式费时费力，产量低，成本高，但所用的饲养设备比较简单，主要有种蝇笼、产卵缸、饮水缸、饲料盘和笼架等。

①种蝇笼：蝇笼主要用于种蝇的立体饲养。蝇笼的大

小没有固定的规格，依据饲养苍蝇规模来确定大小。例如可用白色胶织塑料窗纱缝制而成（最好用蚊帐布），规格50厘米×50厘米×50厘米，笼子的8个角用带子或铁环固定在木架或铁架上，使蝇笼固定成一定的形状，这样大小的笼子以放养1万～1.2万头苍蝇成虫为宜。在笼子一侧开1个直径为20厘米左右的圆孔，将一布筒一端缝在圆孔上，另一端作为操作孔，平时布筒用皮筋扎口或挽个扣，操作时手从布筒中伸入，进行换水、加饲料等。也可用木条或6.5毫米钢筋制成65厘米×80厘米×90厘米的长方形骨架，然后在四周蒙上塑料纱、铁纱或细眼铜纱，同样在蝇笼一侧下脚安装1个布套开口，以便喂食、喂水，取放产卵缸。蝇笼宜放置在室内光线充足而不直射阳光之处。每个蝇笼中，还应配备1个饲料盘、1个饮水缸，产卵时需适时放入产卵缸。

由于蝇笼中蝇的饲养密度高，如果没有足够的栖息空间，就会造成蝇的提前死亡及产卵量的下降。为此，可以采用在蝇笼中安装活动栖息带的办法。具体做法是，先取2对与笼长相等的尼龙搭扣，将尼龙搭扣的2根凹面固定在笼顶内面，距前后笼边10厘米。在两根尼龙搭扣的凸面上每隔3厘米固定上长度相当于笼高1/3的白色宽塑料带。养殖种蝇时，将2根固定有塑料带的尼龙搭扣凸面分别安装到笼顶内的尼龙搭扣凹面上。100厘米×100厘米×60厘米的蝇箱内安装的栖息带有60对120根，总长度有36米，大大增加了蝇的栖息空间。这种方式安装的活动栖息带，既便于种蝇的栖息，又便于栖息带的安装和取下清洗。

②饲料盘：玻璃皿或瓷、塑料碟、小碗皆可，内放成蝇饲料，如奶粉和红糖（成蝇的食料）等，可供多数成蝇取食。每1000只成蝇必须有采食面积40平方厘米以上。

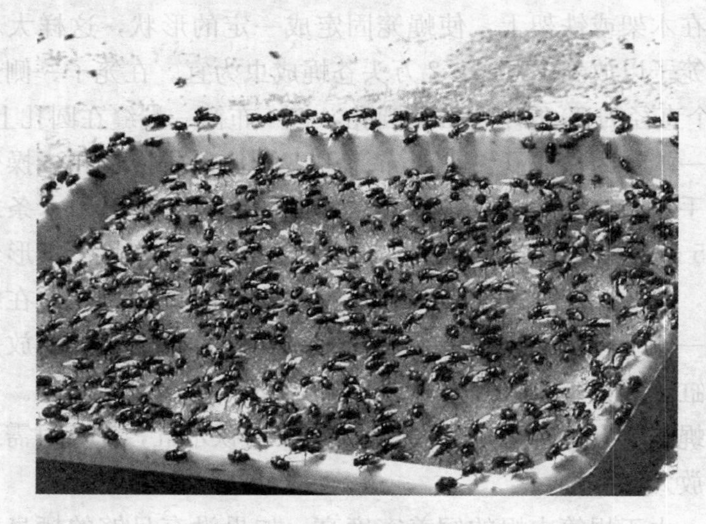

图3-3　种蝇饲料盘

③饮水缸：每个蝇笼内放置1～2个口径3.3厘米左右的碟或碗，里面放1块浸水海绵以供苍蝇饮水。当蝇羽化后就要尽快喂水。目前国内养蝇绝大多数采用笼内喂水的方式。笼内喂水的缺点：一是蝇在饮水时一边饮水，一边排泄，造成饮水的污染；二是沾有水的蝇飞到笼上造成对蝇笼的污染，笼内湿度大，环境差，不利于蝇的生长发育；三是污染的饮水要及时更换，即使每天换水也无济于事。可以将笼内喂水改为笼外喂水。这样种蝇既能喝到水，水又不会被蝇污染；1次喂水，可以饮用5～7天；换水次数

的减少，避免了蝇的外逃。笼外喂水的做法是：用容积小于 3 升的鸡用饮水器 1 只，卸掉底板、清洗消毒，在饮水器的口上用橡皮筋固定 1 块白纱布，注意纱布一定要绷紧。向饮水器内注入清洁的水后迅速翻转，水在虹吸的状态下不会滴漏出来。将饮水器倒置并紧贴在笼顶，蝇用口器穿过笼壁和纱布就能喝到清洁的水。

④产卵缸：待蛹羽化为成蝇第 4 天后可放入产卵缸。产卵缸可同于饮水缸，需要一定高度，一般 3～4 厘米为好。这样可以保持培养料的湿度，每笼放 1～2 个。

⑤笼架：根据蝇笼的规格、饲养量及养蝇房的大小自行设计笼架。笼架可用木制，也可用钢筋、角铁电焊，规格大小只要能架起蝇笼即可。为节省空间，一般都是几层重叠，只要操作者操作方便即可。以 50 厘米×50 厘米×50 厘米蝇笼为例，笼架可设计成：总高约 180 厘米左右，高分 3 层，每层高于 50 厘米，长大于 100 厘米。每层放 2 笼，共可放 6 笼，下部腿高 20～30 厘米，因地面温度偏低，应尽量利用高于地面 30 厘米以上的空间。

⑥育蛆容器：小规模养殖时可用育蛆盘，以塑料盘为好。规模较大时，可采用育蛆池。沿房的两边砌成边高 15 厘米的水泥地隔成 1 平方米、2 平方米皆可，池壁要光滑，池底不能渗水。为了充分利用室内有效空间，可采用多层立体养殖法，也可参考畜禽养殖中的相关原理，建造自动化的养殖设施。饲养房要安装纱门、纱窗。

⑦分离箱：在适宜的温度下，蝇蛆在培养料中生活 4～5 天后个体即达到最大、最重，这时可利用蝇蛆怕光的特

性来设计分离装置。蝇蛆分离箱上筛网可用 8 目铁丝或尼龙丝网制作。木材做筛框、同箱体大小一样。分离箱大小可视生产规模及操作方便而定，一般长、宽、高各为 50 厘米。晴天可在阳光下分离，阴雨天可在室内开灯分离。依据蝇蛆畏光的习性，使蝇蛆入暗箱而与培养料分离。此外，尚需干湿球温度计、油漆刀等小工具及标签纸等。

笼养所需种蝇室要具备恒温设备以便四季饲养繁殖。房顶高约 2.5 米，墙壁和屋顶最好有绝缘材料以利于保温。简单的保温方法可用 1000 瓦加热电炉或电暖气接 1 个控温仪，有条件的地方可安装空气调节器以保持温度。温度最好控制在 24～30℃，不能低于 20℃或高于 35℃，室内空气相对湿度控制在 50％～70％为宜。房中间应装有 40 瓦日光灯或 100 瓦灯泡。

3. 蝇蛆养殖法

蝇蛆的养殖方法大致可分为两种，现分别介绍如下：

（1）室内育蛆：可用缸、箱、池、多层饲养架等。

缸养宜选口径较大的缸，上面必须加盖，适于小规模饲养。

箱养时可用食品箱、木箱等，上面加活动纱盖，可置于多层饲养架上，适于用配合饲料养殖。

以盘养为例可根据实际生产规模（日产鲜蛆量）来确定培养盘（缸）数量，一般每万只可配备 6～7 个培养盘。规格大小以操作方便为宜，最好规格为 40 厘米×30 厘米×10 厘米。四周高度一般不超过 10 厘米，长宽不限。材料可选择木板材、胶合板或纤维板，也可用镀锌铁皮、纸箱、市售塑料盘等。

饲养盘托架常采用多层重叠式，以充分利用培养室空间，减少占地面积，所用材料和规格可根据具体条件和培养室面积以操作方便为宜，可自行确定。

池养是用砖在房两侧砌成边高 40 厘米，面积 1.5 平方米的长方形池，中间设一人行过道，便于操作管理，适于室内以动物粪便饲养。

图 3-4　室内池养

为适应周年饲养需要，室内育蛆应备有加温、保温设备，如电炉、红外线加热器等。其他用具为铁铲、蛆分离筛、水桶、干湿球温度计、普通脸盆等。每平方米育蛆池铺放 40～50 千克饲料，均匀撒上 20 万粒卵，并将温度调制在 25℃以上。经 8～12 小时后便可孵出 1 龄幼虫，4～

5天后育成金黄色的老熟幼虫，便可以收集利用。

（2）室外育蛆：建立1个育蛆棚，即在室外选择向阳背风且较干燥的地方，挖1个长4.6米、宽0.6米、深0.8米的坑，其上用竹子、薄膜搭成长5米、宽1.2米、高1.5米的棚盖，北面用塑料薄膜密封起来，南面留1个小门，便于操作，四周开好排水沟，防止雨水浸入。育蛆时先将马粪、牛粪和杂草等混合、浇水，然后填入坑内。上面铺一层薄膜，使之成为四边高、中间低的育蛆槽。槽内铺放5～7厘米厚的饲料，按每平方米20万粒卵数，均匀撒在料面上。在25℃左右，经8～12小时后便可孵出1龄幼蛆，4～5天后则可收集利用。

4. 注意事项

饲料蝇蛆批量生产技术操作与前面介绍的蝇蛆简易繁殖法完全相同，只是生产规格扩大了，要注意以下几个问题：

（1）正式投产之前，要进行小区试验，通过测试，校正设计方案有关数据后再扩大面积投产。

（2）认真搞好生产管理，根据季节变化做好温、湿、光、热的调控工作，每天巡回检查4～6次，为蝇蛆创造最佳生态环境。

（3）加强生产的计划性和连续性，搞好流水作业，做到每天接种1个单元，产出1个单元，更新一批种蝇。

（4）做好综合经营，配套猪、鸡生产及农业饲料相关产业，保证生产蝇蛆有足够的粪料。注意降低生产成本，提高办场综合效益。

（5）不断做好种蝇提纯复壮工作，提高单位面积蝇蛆产量。

（6）苍蝇能传播各种疾病，在培养蝇蛆过程中，特别需要防止网箱中的无菌蝇飞出，更要严防室外的苍蝇飞入饲养种蝇的网箱内。

第 4 章 饵料及配制

蝇蛆的饵料相当广泛，以饵料来源广，价格便宜为宗旨，要充分利用当地资源。养殖蝇蛆所需要的饲料包括产卵料、成虫料和蝇蛆料 3 类，根据饲料的物理形状又分为固体饲料和液体饲料 2 类。

一、苍蝇及幼虫的取食习性

苍蝇食性复杂，到处都有它的食源，

但不同蝇种，食性有差异。

1. 食性

苍蝇属于杂食性蝇类，即可以取食各种物质，如人的食物、人和畜的分泌物和排泄物、厨余和其他垃圾以及植物的液汁等。另外一切有臭味的、潮湿的或可以溶解的物质都可为苍蝇所嗜食。

2. 取食行为

苍蝇的取食行为非常有趣。当它接触到食物时，用足上与喙上的化学感受器来辨尝味道，这些感受器对糖液很敏感，遇到喜欢的食物伸长口器去取食，此时口器的最前端唇瓣呈滤过状态或碗状态，液体或浆状食物（如糖水、牛奶、蜜汁等）即可被吸入。若是固体食物（如糖粒、面包屑等），它则反吐出嗉囊中的液体（此种分泌液称作吐滴，内含涎腺分泌的唾液，含有消化酶）来分解液化，并可利用唇瓣上的细齿来粉碎食物中的颗粒，此时唇瓣呈刈割状态。还有一种吞食状态，即直接吞咽食物，此时唇瓣上的拟气管和细齿均不起作用。

苍蝇是非常贪吃的昆虫，它饱食之后，间隔很短时间（约几分钟），即可排粪。由于它吐滴、排粪频繁，因而它在人们的食物上边吃、边吐、边拉，给食物造成严重污染。

幼虫取食时，先排出唾液（酶类），把各种有机物包括蛋白质分解成氨基酸、单糖类等小分子物质然后吸入体内，再根据其本身的遗传功能，组成体内的各种氨基酸、蛋白质、脂肪等。

二、配合饵料

养殖蝇蛆所需要的饲料包括产卵信息物、成虫饲料和蝇蛆饲料三类，根据饲料的物理形状又分为固体饲料和液体饲料两类，可根据各自情况酌情选用。

1. 饲料的选择

（1）畜禽动物，如牛、马、猪等杂食类动物的粪便，蛋白质含量比食草性的大型牲畜要高而且脂性物质也比较高，但纤维质物质含量较少，这样的粪便虽然柔软，而不松散，密度比较大，虽肥但腐臭，不宜被蝇蛆直接利用，应和其他松散、含纤维较高的物质混合后使用。

（2）小型动物，如鸡、鸭、鸽等食精饲料动物的粪便，由于这些动物食用的都是全价精饲料，再加上这些动物没有咀嚼器官，消化道又比较短，其饲料的消化转化率比较低，因此，在其粪便中含有较高的蛋白质、脂肪、矿物质、微量元素、维生素等，这些几乎完全可以被蝇蛆摄取，是蝇蛆的直接优质饲料。这类原料一般在使用前进行发酵处理。

（3）作物秸秆：采用秸秆作为蝇蛆养殖基料的疏松剂，能起到提高培养蝇蛆基料温度的作用，基料温度的提高，能有效提高蝇蛆的产量。据实验，100％采用秸秆肯定无法培养出可观的蝇蛆，只有在培养蝇蛆的基料中添加 30%左右的粗粉碎秸秆，有提高蝇蛆产量的作用，提高幅度在 20%左右。

（4）麦麸：俗称麸皮、小麦麸，是以小麦籽实为原料加工面粉后的副产品之一，约占小麦籽实的 10%以上。由于小麦制粉目的和制粉程度的不同，其麦麸所占比例差异也较大，营养成分也就有所不同。麦麸加水以后易酸化，使用小苏打（碳酸氢钠）可以解决麦麸酸化问题。每 100 千克干麦麸，小苏打添加量为 1.5～2 千克。

（5）米糠类：米糠是把糙米精制白米时所产生的种皮、外胚乳和糊粉层的混合生产物。米糠含能量低，粗蛋白含量高，富含 B 族维生素，多含磷、镁和锰，含钙少，粗纤维含量高。

（6）动物血类：动物血中含有大量的蛋白质，且对蝇蛆来说适口性很好，例如猪血含蛋白 6%左右，猪血粉含蛋白达 90%。一般动物对其消化非常少，而蝇蛆则可以轻易消化，将其中的蛋白转移到自己身上，转化成为动物易消化吸收的动物蛋白。在 100 千克养殖蝇蛆的麦麸中添加 40 千克动物血或 10 千克血粉，能够提高产量 30%以上。收集购买回来的动物血，一下子使用不完，动物血就会变臭变质，需要进行保鲜。保鲜的方法非常简单，在 300 千克动物血中加入一包粗饲料降解剂与 3 千克玉米粉拌和，密封即可保存一个月不变质，且其中的臭腥味也会减少或消除。添加动物血可提高产卵量，因为种蝇可以从其中吸取到足够的动物蛋白。

(7) 油粕类：豆粕、棉粕、菜粕、茶籽粕、花生粕等油厂下脚料，这些物质含蛋白和能量高，一些油粕物质具有价格低的特点，添加到麦麸中能够有效提高蝇蛆的产量，每100千克麦麸添加量一般为20千克，增加了约8%的蛋白和大量的能量。

(8) 豆腐渣：豆腐渣是来自豆腐、豆奶工厂的加工副产品，为黄豆浸渍成豆乳后，部分蛋白质被提取，过滤所得的残渣。干物质中粗蛋白、粗纤维和粗脂肪含量较高，维生素含量低且大部分转移到豆浆中，与豆类籽实一样含有抗胰蛋白酶因子。以干物质为基础进行计算，其蛋白质含量为19%～29.8%，并且豆渣中的蛋白质含量受加工的影响特别大，特别是受滤浆时间的影响，滤浆的时间越长，则豆渣中的可溶性营养物质包括蛋白质越少。豆腐渣水分含量很高，不容易加工干燥，一般鲜喂，作为多汁饲料。保存时间不宜太久，太久容易变质，特别是夏天，放置1天就可能发臭。鲜豆腐渣经干燥、粉碎可作配合饲料原料，但加工成本较高。

(9) 酒糟：酒糟是酿酒工业的副产品，其中含有水分65%，新鲜酒糟经烘干（或晒干）、揉搓、筛分离脱除稻壳等工艺制成酒糟粉，粗蛋白约4%，粗脂肪约4%，无氮浸出物约15%，粗纤维（即稻壳）约12%，还含有丰富的多种维生素。从酒厂中购取的白酒糟由于含有大量的水分，易再次发酵霉变，所以最好不要贮存，适宜随用随运。

(10) 能量类物质：蝇蛆在生长过程中一样需要大量的能量，一些能够合成糖类和酶类的能量是蝇蛆生长的基础，可以选择在麦麸中添加适量的玉米或油糠。每 100 千克麦麸中可以添加玉米 10 千克，油糠 7 千克左右。

（11）特殊物质：所谓的特殊物质就是尿素，添加尿素一可以增加其中的蛋白；二可以增加其中的氨气，蝇蛆和苍蝇都非常喜欢；三可以适当提高一些麦麸中的 pH 值。100 千克麦麸中尿素的添加量一般为 0.5～1 千克，不可过量使用。

在养殖蝇蛆时，可以添加一些糟渣类的物质，如豆渣、啤酒糟等，但豆渣和啤酒糟都是酸化很快的物质，会带来基料的酸化问题，如果添加就要增加小苏打的使用量。

2. 饲料的配制

（1）种蝇的饵料：种蝇同其他动物一样，需要足够的蛋白蛋、糖和水以维持生命和繁殖能力。人工养殖苍蝇时，种蝇饲料也可用糖化淀粉，一般用 11%的面粉，加入 80%的水，调匀煮成糊状，放置晾干后，再加 8%的糖化曲，置于 60℃的恒温箱中，糖化 8 小时，然后取出加入 1%的血粉、蝇蛆粉或黄粉虫粉即可。

其他常用的成蝇饲料配方有以下几种：

配方一：红糖或葡萄糖、奶粉各 50%。

配方二：鱼粉糊 50%，白糖 30%，糖化发酵麦麸 20%。

配方三：红糖、奶粉各 45%，鸡蛋液 10%。

配方四：蛆粉糊 50%，酒糟 30%，米糠 20%。

配方五：苍蝇幼虫糊 70%，麦麸 25%，啤酒酵母 5%，蛋氨酸 90 毫克。

配方六：蚯蚓糊 60%，糖化玉米糊 40%。

配方七：糖化面粉糊 80%，苍蝇幼虫糊或蚯蚓糊 20%。

配方八：糖化玉米粉糊 80%，蛆浆糊 20%。

上述配方中，最佳配方是第一种，但是成本相对较高；第二至八种配方成本较低，生产中可以采用。在实际的种蝇饲养中，因奶粉、红糖等饲料成本太高，常用蛆浆糊或糖化面粉糊来替代。糖化面粉糊是将面粉与水以 1∶7 比例调匀后加热煮成糊状，再按总量加入 10%糖化曲，置 60℃中糖化 8 小时即成，以这种饲料喂养成蝇，饲养效果好，成本低。蛆浆可参照以下配比制作：将分离干净的鲜蛆用高速粉碎机或多用绞肉机绞碎，然后按蛆浆 95 克，啤酒酵母 5 克，自来水 150 毫升，0.1%苯甲酸钠（防腐剂）的比例配制，充分搅拌备用。

成蝇饲料中必须有足够的蛋白质及糖类，通常用奶粉、鱼粉、动物内脏、变质的蛋类、白糖、红糖等。成蝇饵料，有干料，也有湿料，以干料为好。一是购买方便，便于保存，平均每只成蝇每天耗干料 14 毫克，湿料制作麻烦，原料、人工，总算起来成本高；二是湿料易粘住蝇腿使其不能飞动而导致死亡；三是湿的成蝇饲料使成蝇所产的受精卵雄性占多数，影响下一代总的产卵量。

经过试验，可以采用白糖加蛆粉的种蝇饵料（1∶1）。这种饵料，不仅质量好，蛋白质的含量在 60%左右，饲喂效果好，种蝇产卵多（比奶粉白糖组高13%），而且价格低

(可节约饲料成本 60%以上)。开始养种蝇的时候可以用些奶粉，一旦有蛆产出，就可以喂蛆粉。种蝇的饲料来自蝇蛆养殖自身，减少了外部物质能量的投入，饲养的饲料成本可以大为降低。

(2) 产卵信息物：种蝇与蝇蛆在一个空间里，为了提高产卵量，最好单独配制供给苍蝇产卵的物质，称之为集卵物，用于引诱成虫前来产卵。这类饲料营养全面，多能同时满足成虫和蝇蛆的营养需求，并具有特殊的腥臭气味，对成虫有较强的引诱力。使用畜禽粪便或人工配制的蝇蛆饲料作为产卵物时，喷洒 0.03%氨水或碳酸氢铵水溶液、人尿、烂韭菜等可显著提高对成虫的引诱力。“催卵素”的配方：以 150 平方米养殖面积一天的用量为例，淫羊藿 5 克，阳起石 5 克，当归 2 克，香附 2 克，益母草 3 克，菟丝子 3 克，把以上中草药全部混合，切碎或打成粉，用时用纱布包住，把药水煮出来用药水即可。把药水直接加在糖水里，连喂 3 天，停 3 天，再连喂 3 天，停 3 天……催卵素中的主要成分和作用是对苍蝇进行催情，致使苍蝇多交配，而达到让苍蝇多产卵的目的。

其他产卵信息物配方有以下几种，也可酌情选用：

配方一：麦麸 30%，动物血 30%，玉米粉 15%，水 25%，另加 20 克尿素。

配方二：麦麸 35%，鱼粉 20%，花生粕 20%，水 25%，另加 20 克尿素。

配方三：麦麸 30%，动物内脏 30%，玉米粉 15%，水 25%，另加 20 克尿素。

配方四：麦麸用0.01%～0.03%碳酸氢铵水调制，再放些红糖和奶粉，含水量控制在65%～75%。

(3) 蝇蛆饲料：选择蝇蛆饵料可分两类，一类是农副产品下脚料如麦麸、米糠、酒糟、豆渣、糖糟、屠宰场下脚料等；另一类是以动物粪便如牛粪、马粪、猪粪、鸡粪等经配合沤制发酵而成的。前一类主要是掌握好各组分的调配比例，控制含水量在60%左右，若采用酒糟做饵料，必须调整酸碱度为中性，并按1∶2配以麦麸，效果较好。后一类基质要求含水量70%左右，使用前，将两种或两种以上基质按比例混匀，每吨粪料喷入5千克EM（市场有售）混合充分，粪堆高度20厘米，用农膜盖严，24～48小时后即可使用。其pH值要求为6.5～7，过酸可用石灰调节，过碱可用稀盐酸调节。每平方米养殖池面积倒入基质40～50千克，放入蝇卵20～25克。如育蛆料以鸡粪与猪粪比例为1∶2效益较佳。一般保持料厚为7～10厘米，湿度70%～80%，在18～33℃条件下，经过3～32小时可孵化出幼虫，4～5天幼虫取食育蛆料后生长至化蛹前，即可采收。

对于大多数畜禽养殖场来讲，在利用农副产品时，通常只能吸收所含能量和其他营养物质的25%，其余75%流失在粪便中。这既是一种浪费，又造成污染。因此，利用畜禽粪便养殖蝇蛆更具有现实意义。

目前，实行集约化规模饲养较多的畜禽为猪、鸡、鸭，它们的粪便均可用来养殖蝇蛆。各养殖单位，可根据本场饲养的畜禽种类决定采用哪种畜禽粪便。为便于安排生产，需对本场畜禽粪便的排放量、质量（主要是粗蛋白质的含量）有所了解，以便确定相应的蝇蛆养殖的规模。

饲养蝇蛆所用畜禽粪便以新鲜的为好。一般规模养殖的肉猪、蛋鸡、肉鸭等的粪便，均易于及时取到，可随采随用。所采集粪便往往湿度过大，可掺入少量麦麸或木屑拌匀，使混合物水分保持在 65%～70%，即可接种蝇卵。对采集来暂时不用的畜禽粪便，宜存放在贮粪池内备用。顶部宜加盖 24 目防虫网和黑色塑料薄膜，以防止其他蝇和食粪昆虫在其内孳生繁殖。贮粪池上部应有防雨棚，以防雨水进入。

常用的蝇蛆饵料配方有以下几种：

配方一：新鲜猪粪（排泄后 3 天内）70%，鸡粪（排泄 1 周内）30%。

配方二：屠宰场的新鲜猪粪 100%。

配方三：猪粪 25%，鸡粪 50%，豆腐渣 25%。

配方四：猪粪 75%，豆腐渣 25%。

配方五：麦麸 70%，鸡粪 30%。

配方六：麦麸 70%，猪粪 30%。

配方七：麦麸 80%，人粪 20%。

配方八：猪粪 80%，酒糟 10%，麦麸 10%混合发酵腐熟。

配方九：猪粪或鸡粪 60%，牛粪 30%，米糠 10%混合发酵腐熟。

配方十：猪粪 1 份和鸡粪 2 份，加水混合，其含水量 80%。

配方十一：猪粪2份和鸡粪1份，加水混合，其含水量80%。

配方十二：鲜猪粪80%，麦麸10%，花生渣10%（每天用EM 1∶10调水喷洒可除臭）。

若采用麦麸配方可以采用以下配方：

配方一：麦麸30%，动物血12%（湿），玉米粉1%，菜粕5%（豆粕、茶籽粕、花生粕均可），尿素0.4%，粗饲料降解剂0.1%，小苏打1.5%，水约50%。

配方二：麦麸30%，动物血粉12%，玉米粉2%，菜粕2%（豆粕、茶籽粕、花生粕均可），豆渣2%（或啤酒糟，为湿料，要求新鲜无刺鼻酸味，pH值在6以上），尿素0.4%，粗饲料降解剂0.1%，小苏打1.5%，水约50%。

配方三：麦麸40%，菜粕2%（豆粕、茶籽粕、花生粕均可），油糠3%，食用油3%，尿素0.4%，粗饲料降解剂0.1%，小苏打1.5%，水约50%。

配方四：麦麸30%，动物血粉6%，玉米粉10%，食用油1%，米糠1%，尿素0.4%，粗饲料降解剂0.1%，小苏打1.5%，水约50%。

配方五：麦麸30%，动物内脏10%（收集回来的动物内脏按照收集动物血一样的处理方法可以消除臭味和保鲜），玉米8%，尿素0.4%，粗饲料降解剂0.1%，小苏打1.5%，水约50%。

将上述原料与水混合后就可以使用，水的使用量不是绝对的，只要将加水后的物料堆成宽30厘米，高15～20

厘米，看见物料上有足够的水分，但物料不往下泄和变形即可。每平方米面积放以上物料约 40 千克，堆成宽 30 厘米、高 15～20 厘米的条状。

将上述原料混合，不能添加粗饲料降解剂和 EM 等消除气味的物质，笼养种蝇放在盘中 3 厘米高度；房养苍蝇放在条状育蛆物料上，每 20 厘米条状物料上放一堆，每堆放手抓的一把集卵物（约 3 厘米厚度、5 平方厘米面积）。每 100 千克麦麸配料中需要集卵物麦麸 3 千克（干麦麸的重量）。

第5章 饲养管理

苍蝇的饲养技术虽然简便易于掌握，但要提供符合要求的种蝇，必须标准化，即虫龄整齐，体格强壮。一般雄蝇每只平均体重16～18毫克（1克55～60只），雌蝇每只平均体重18～20毫克（1克50～55只），要达到这个要求，除需熟练地掌握养殖方法和苍蝇的生活习性外，更主要的在于精心管理。在苍蝇生长的4个虫期中，成虫和幼虫阶段是关键，个体的大小、羽化率、雌雄性比、繁殖能力等都取决于这两个时期的饲养管理。

一、苍蝇养殖日常管理时间表

1. 生产步骤

选择场地→建设养殖房→发酵饲料→放入种蝇→循环生产。

2. 操作步骤

蛹的孵化（2～3 天）→种蝇饲养→收集卵块（第 3 天起）→集中孵化（1～2 天）→分盘饲养（2～3 天）→保水保温育蛆→蝇蛆分离→部分留种→鲜蛆利用→重复循环生产。

3. 管理日记

（1）早晨 6 点添加种蝇饲料，放置集卵物，更换饮水。

（2）把集中孵化的蛆虫分盘饲养。要点：饲料要一次加足。

（3）记录早晨室内外的温、湿度，记录卵的孵化时间。苍蝇房内温度过高要注意通风降温。

（4）中午高温时要观察苍蝇房的温、湿度，注意添加饮水。大规模养殖一天要分 2 次接卵。

（5）下午 6 点以后收集集卵物集中孵化。最好的时间是晚上 8～9 点，可以一天 2 次接卵。

（6）投喂苍蝇的食料盘要两天清洗 1 次，包括海绵。海绵第 20～30 天要更换新的，否则海绵发软变质产生气味，苍蝇便不会到盘中取食。

二、种蝇的饲养管理

1. 驯种和引种

（1）引诱：最简单的方法是在苍蝇活动季节，将适宜的产卵基质暴露于室内外引诱产卵，此后羽化出的成蝇即可作为种蝇。具体做法：将猪粪 50%，鸡粪 30%，切碎动物内脏 20%混合，加水，使之含水量为 60%～70%，在室外铺成 2 平方米面积、7 厘米厚的养殖平面，加几滴氨水，上面搭架盖塑料布遮避雨，四周敞开，引诱苍蝇来觅食产卵。卵经 8～12 小时孵化成幼虫，幼虫生产 5～6 天长成蛹。把蛹用镊子拣出放入 1%的高锰酸钾溶液或 3%的漂白粉溶液中浸泡约 3 分钟，杀灭蛹体表的细菌，然后置入种蝇网箱饲养。每个网箱放消毒过的蝇蛹 250 克约 1.2 万只。

种蝇的饲料一般采用下列之一：

①18%米粉，20%红糖，加水调成稀液。

②把已蒸熟并切碎的动物内脏或肉类下脚料捣烂调稀。

③蝇蛆浆 95 克，啤酒酵母 5 克，水 150 毫升调匀。

以上配方中没有糖的最好能加些红糖或糖厂废液。当有 15%的蛹变成成虫时，开始把上述饲料中的一种放入种蝇网箱内的饲料盘上。同时把水注入饮水盘上，在水盘上放一块海绵，让种蝇栖息于上面吸水而又不被水淹死。1万只种蝇1天的饲料约10克左右。每次2碟共放25克料，两天换1次料和水。种蝇用料极少，应当采用上述精料配方，才能保证在短期内大量产卵而且不退化。在温度17～33℃、相对湿度为50%～75%的适宜环境下，种蝇羽化后3天（在上述范围以外的温、湿度环境则需超过5天）即成熟交配产卵。当种蝇临产卵时，加含水量为60%～70%的麦麸，每天接卵1～2次。将卵与麦麸一起倒入幼虫饲养盆或饲养池中。幼虫培养料采用晒干消毒过的猪鸡粪，消毒方法一般采用堆沤发酵再经阳光曝光。育蛆的方法如前所述。待幼虫（利蛆）化蛹后，再移入种蝇网箱中羽化饲养。这样周而复始，经过4～6代可得到驯化好的良种苍蝇。

经过长期选育，繁殖力和幼虫体重可以明显提高。因此，若能引进优良品系则更为理想，但引进后仍应注意防止退化，应不断复壮、选育。

（2）捕捉种蝇：即用捕捉笼到垃圾堆随时捕捉种蝇。捕捉方法有两种：垃圾堆上的种蝇很多，只要手提捕蝇笼的上部对准蝇群罩下去，苍蝇都会钻进去，或者在捕蝇笼的下面放上诱饵，也能诱进野生的种蝇。

（3）捕捞蝇蛆：获取野生苍蝇种源最简单的办法就是从厕所中获取。在室外温度稳定在27℃以上的晴天，先取10千克新鲜猪粪，2千克麸皮，2千克猪血，0.3千克EM有效微生物（降低或消除粪堆中的臭味并具有杀菌作用，否则养殖环境将十分恶劣，但不要过量使用）混合成蝇蛆养殖饲料放进蝇蛆养殖房的一个育蛆池中。用纱窗布做成的捞蛆装置，从厕所捞取的蛆要先在池塘中或流水中清洗，然后快速地把清洗后的蛆倒在配置好的蝇蛆养殖饲料上，蝇蛆会马上钻进饲料中。2～3后蝇蛆就会全部长大成熟自动分离掉进收蛆桶中，把收集起来的成熟蝇蛆放在一个大塑料盆中，洒上少许麦麸，并用一个编织袋盖在蝇蛆上（注意不是盖在塑料盆的边沿上，如果把编织袋盖在塑料盆的边沿上，盆中会产生水蒸气，蝇蛆就能从盆中逃出）。2～3天后，蝇蛆全部变成红色的蛹，用一个筛子筛走麦麸，把蛹用高锰酸钾溶液进行消毒、灭菌（10千克干净的水，7克高锰酸钾）10分钟，捞出经过消毒、灭菌的蛹，摊开晾干，再重新放回塑料盆中，洒上少许麦麸，再盖上编织袋让蛹进行孵化。3天后，蛹孵化出大量的苍蝇。把投喂苍蝇的食物放在孵化盆的边沿，让苍蝇一孵化出来就能吃到东西。

第一批苍蝇是非常怕人的，它们总是停留在房顶光线较强的地方，不太愿意下来吃食，产卵极少或不产卵。这时采取的主要措施是：不管苍蝇是否下来吃食和产卵，都要每天更换、添加食物和集卵物；操作人员进入养殖房中，走路要慢、要轻；产下少量的卵块要保证孵化率。

当第一批苍蝇的后代孵化出来后，要用最好的养料饲养，使蝇蛆的个体达到最大（孵化出来后雌性增加），当蛹开始孵化时，就要把在蝇蛆房中的种蝇全部赶出处死，以免它们把野生习性传给它们的后代。如此4～6代后，种蝇驯化成功。

2. 调节温、湿度

放养蝇蛹前，将养蝇房温度调节到 24～30℃，相对湿度调节到 50%～70%。

3. 成蝇饲养密度

人工养殖蝇蛆应最大限度地利用养殖空间，以达到高产目的。由于受到环境、季节、房舍及养殖工具等的影响，其养殖密度也不尽相同。如果密度过大会导致摄食面积不足，饲料更换频繁而使成蝇逃逸死亡等问题发生，另外密度过大会造成室内空气不畅，人员操作不便；成蝇放养密度过低，又会影响产量。在夏季高温季节，以每立方米空间放养 1 万～2 万只成蝇为宜，如果房舍通风降温设施完善，还可适当增加饲养密度。成蝇最佳饲养密度一般每只为 8～9 立方厘米，在此密度下，成蝇前 20 天的总产卵量最高。

4. 蝇群结构

蝇群结构是指不同日龄种群在整个蝇群中的比例。种群群体结构是否合理，直接影响到产卵量的稳定性、生产连续性和日产鲜蛆量的高低。控制蝇群结构的主要方法是掌握较为准确的投蛹数量及投放时间。实践表明：每隔 7 天投放 1 次蛹，每次投蛹数量为所需蝇群总量的 1/3，这样，鲜蛆产量曲线比较平稳，蝇群亦相对稳定，工作量小，易于操作。

5. 投喂饵料和水

待蛹羽化（即幼蛹脱壳而出）5%左右时，开始投喂饵料和水。饵料放在饲料盆内，如果饲料为液体，则在饲料盆内垫放纱布，让成蝇站立在纱布上吸食饲料。种蝇的饵料可用畜禽粪便、打成浆糊状的动物内脏、蛆浆或红糖和奶粉调制的饵料。目前，常用奶粉加等量红糖作为成虫的饲料。如果用红糖奶粉饵料，每天每只蝇用量按 1 毫克计算。以每笼饲养 6000 个成虫计算，成虫吃掉 20 克奶粉和 20 克红糖后，可以收获蝇蛆 30 千克。

饲养过程中，可用一块长、宽各 10 厘米左右的泡沫塑料浸水后放在笼的顶部，以供应饮水，注意不要放在奶粉的上面。奶粉加红糖和产卵信息物（猪粪等）分别用报纸托放在笼底平板上，紧贴笼底。成虫便可隔着笼底网纱吸水、摄食和产卵。

也可在笼内放置饲水盘供水，饲水盘要放置纱布。每天加饲养料 1～2 次，换水 1 次。

6. 安放产卵盘及产卵信息物

当成虫摄食 4～6 天以后，其腹部变得饱满，继而变成乳黄色，并纷纷进行交尾，这预示着成虫即将产卵。在发现成虫交尾的第二天，将产卵盘放入蝇笼，并把产卵信息物放入产卵盘（或将猪粪疏松撒在报纸上，其下垫上薄膜塑料和硬纸板，放在笼底平板上，以便于成虫产卵）。目前常用猪粪作引产信息物，其引产的效果较好，但是容易粘污笼壁，因而应当经常擦抹。也可用猪粪浸出物浸湿滤纸作为引产信息物，它虽不会污染笼壁，但容易干燥而影响引产效果。引产信息物也可用人工调制（见前述），混合均匀后盛在产卵缸内，装料高度为产卵盘的2/3，然后放入蝇笼，集雌蝇入盘产卵。

7. 雌雄苍蝇分离

一般羽化后6～8天，雄雌两性已基本交配完毕，可适时分离雄蝇，用以饲养蟾蜍。

①在蝇笼内改产卵盘为产卵缸（普通茶缸），内盛半缸含水量70%的麦麸，麦麸上放入少量1%～3%的碳酸氢铵溶液，再放些红糖和奶粉。这种方法可较好地引诱雌蝇产卵。待缸内爬满雌蝇后，将预先制作的纱网袋（大小以能套入为准）悬吊在蝇笼内产卵缸上方，轻缓地放下罩住缸口，轻击缸体，雌蝇即全体飞起，进入纱网袋。

②用有黏性的红糖水浸湿雌活蝇，抖落进容器中，将其捣碎，加上10倍的清水，用卫生喷雾器对蝇笼纱网喷雾（以湿润不滴水为度）。这时已完成交配使命的雄雌蝇虫，在笼中诱卵缸和笼网雌诱液的双重作用下，96%以上的雄蝇攀停在笼网上，雌蝇大量落停在产卵缸中。

③将爬满雌蝇并被罩住缸口的产卵缸移出，放入另一新蝇笼，反复5～10次，待缸内不再有大量雌蝇光顾时，把产卵缸取出，即可把笼中的雄蝇作为活体饲料用以饲喂蟾蜍或其他动物。收取笼中雄蝇的方法有三个：一是将蝇

笼中盘、缸类取净；二是将纱网蝇笼中的雄蝇收拢，捣碎混入饲料，可饲喂蟾蜍等；三是将活蝇用浓糖水浸湿，撒上饲料粉，抖落进盆、槽等容器中，饲喂动物。

④将收拢捣碎的雄蝇肉浆，加入到产卵缸中，引诱雌蝇入缸产卵，驱避雄蝇，可为雄雌蝇虫分离带来方便。

⑤羽化的苍蝇生活期为 23 天左右。15 日龄后，随着雌蝇体的老化不再产卵，这时可趁蝇体尚未衰竭，含有充分营养成分之机，将蝇笼中盘、缸水具及食具取出，将纱网蝇笼收拢，利用苍蝇活体喂养其他动物。

8. 停止羽化

成虫羽化第 4 天将产卵缸放入笼内，同时取出羽化缸。然后用塑料布将羽化缸盖好，以免个别蝇蛹继续羽化，待全部未羽化的蛹窒息死亡后，倒出蛹壳，清洗羽化缸，干后待下次再用。也可将羽化缸内剩余的麦麸和蝇蛹一起倒出摊平后用开水浇烫，以便充分杀死未羽化的蝇蛹。有条件的也可以将羽化缸放入低温冰箱中冷冻几小时后再处理。

9. 接卵方法

将麦麸用水调拌均匀，湿度控制在 70%，然后装入产卵缸内，放入笼内，高度达产卵缸深度的 2/3 为宜。在 24～33℃条件下，雌蝇每只每次产卵约 100 粒，卵呈块状。

每天收卵 2 次，中午 12 时和下午 16 时各收集一次。每次接卵时将产卵缸从蝇笼内取出，将蝇卵和麸皮一起倒入培养料中（与产卵缸培养料相同）孵化。接卵时，一定不要将卵块破坏或者将卵按入培养料底部，以免蝇卵块缺氧窒息孵不出小蛆。另外，也不能将卵块暴露在表层，这样易使卵失去水分不能孵出幼虫。最好的接卵方法是用勺子或大镊子将产卵缸中培养料以不破坏形状放入到孵化盘中，在卵上薄薄撒上一层拌湿的麸皮，使卵既通气又保湿。从蝇笼内取出产卵缸时，要防止将成虫带出笼外，因苍蝇不愿离开产卵信息物，而且喜欢钻入培养料内约 1 厘米左右，所以一定要将产卵缸上所有苍蝇赶跑后才能取出产卵缸。当有个别苍蝇随产卵缸带出后，要尽快将其杀死，以免污染环境。如此反复进行，直到成虫停止产卵为止。

10. 卵与产卵饲料的分离

饲养成蝇的目的是为了获取大量的优质蝇卵。成蝇羽化 3～4 天后就要在笼中放入集卵碟，碟中松散地放上诱集产卵的物质。所谓收集，只需将诱卵物及其中的卵一起倒入幼虫培养料中，均匀地撒于培养料的表面，表面再盖一薄层培养料，不使蝇卵暴露于表面而干死，作为一级培养放入幼虫培养室。

据报道，苍蝇养殖时，如果卵和产卵饲料分离不完全，就不能准确地把卵定量地接入幼虫饲料里，从而不能培育出整齐一致，生活力强的标准幼虫。接卵过多，会造成幼虫发育不良；接卵过少，饲料产生霉菌影响幼虫发育。为解决此问题，可用双层纱布缝制一个正好放入 50 毫升烧杯中的小口袋，装入已经搅拌好的麦麸后，再把口袋朝下放入烧杯中。饲料装得不要过满，然后在表面放置经牛奶

(或奶粉)浸湿的棉团，再倒入少量奶水于杯中，在棉团周围撒少许鱼粉(或红糖)，这样雌蝇就会在烧杯壁和纱布口袋之间产卵，达到了卵与饲料分离的目的。接入幼虫饲料的卵粒就可用刻度离心管准确称量。

根据实践，采用动物的下脚料发酵后做诱卵物，如麦麸加臭鸭蛋，或者加肠衣等动物内脏经过 2 天自然发酵做诱卵物，效果最好。接卵时将诱卵物连同卵块一并倒入幼虫培养料中也有利于幼虫生长发育。

11. 种蝇的淘汰

成虫在产卵结束后，大都自然死亡。死亡的成虫尸体太多时，应适当清除。清除尸体的工作应当在傍晚成虫的活动完全停止以后进行。当全部成虫产卵结束后，部分成虫还需饥饿 2 天，才可自然死亡。也可将整个笼子取下放入水中将成虫闷死，或用热水或蒸汽杀死。淘汰的种蝇可烘干磨粉作畜禽饲料，淘汰种蝇后的笼罩和笼架应用稀碱水溶液浸泡消毒，然后用清水洗净晾干备用。

从理论上讲，一对种蝇能持续产卵一个月，甚至更长时间，但是人工养殖条件下却远远达不到这个程度。刚羽化的种蝇头两天产卵很少，从第三天开始进入产卵高峰期，此期可以持续一个星期，10 天后产卵率开始明显下降，15 天后，产卵率已降到每天平均不到 2 个。因此在生产中，每批种蝇养殖两周左右就要淘汰，以在短时间内获得大量蝇卵，提高养殖效益。

注意，在淘汰种蝇时，千万不可用药剂去杀死，因为用具及蝇笼要反复使用。

12. 用具的消毒

养过种蝇后的蝇笼和用具，先用自来水洗净，然后进行消毒处理。消毒方法见表5-1。

表5-1 常用消毒药品及其用法

药名	用途	用法及用量
来苏儿（煤酚皂溶液）	蝇房、笼具、饲料盆、饲水盘和产卵盘等的消毒	配成5%溶液喷洒。2%溶液用于工作人员的手及皮肤消毒
氢氧化钠（苛性钠、烧碱）	杀菌及消毒作用较强，用于蝇房、笼具、饲料盆、饲水盘和产卵盘等的消毒	配成1%～3%热溶液泼洒，对金属、人体和动物体有腐蚀作用
甲醛溶液（福尔马林）	用于蝇房、工具熏蒸消毒	每立方米空间用42毫升福尔马林（40%甲醛溶液）加21克高锰酸钾（用容积大的陶瓷器皿或玻璃器皿，先在容器中加入少量温水，再把称好的高锰酸钾放入容器中，最后加入甲醛溶液），在温度20～26℃，相对湿度60%～75%的条件下，密闭熏蒸20分钟

续表

药名	用途	用法及用量
漂白粉	用于蝇房等消毒	配成5%溶液使用
高锰酸钾	冲洗	配成0.1%溶液用于蛹、蛆的洗涤
生石灰（氧化钙）	作蝇房消毒用	配成10%～20%溶液喷洒
新洁尔灭	用于人手、皮肤、用具消毒	0.1%～0.2%溶液喷洒、洗涤，忌与肥皂、盐类相混

13. 废弃物的利用

（1）蛹壳：蛹壳的蛋白质含量很高，少量可用来饲喂家禽，大量蛹壳可作为提取甲壳素的原料，蛹壳的分离可用水漂浮法。

（2）蝇尸：蝇尸含有很高的营养成分，收集起来可饲喂畜禽，蝇尸也可作为提取甲壳素的原料。

（3）分离出的剩余饲料：饲养蝇幼虫所使用的麦麸可视颜色状况进行处理，颜色为黄色或浅褐色，证明剩余营养成分较多，可与新鲜麦麸混合后继续使用。如果颜色变为深褐色，则大部分营养物质已被苍蝇吸收掉，可收集后用作农田肥料。

图 5-1 蛹壳的清洗

三、蝇蛆的饲养管理

生产蝇蛆，大致包括以下过程：饲养成蝇使其产卵，收集卵块放入培养料中培养，待幼虫（蛆）长到老熟时将虫料分离，得到幼虫。同时让部分幼虫化蛹，再羽化成蝇，如此循环往复。鲜蛆可以直接用作特种畜禽、水产的活饵料，但要注意喂多少取多少，以免造成未吃完的蛆化蛹成蝇，造成二次污染。最好是将鲜蛆加工成蛆干备用，蛆干能够保存较长的时间。蛆粪则是优质的有机肥，可用于无公害蔬菜、食用菌及蚯蚓的生产。

1. 蝇种子选育

首先应该选择个体健壮、产卵量高、正值产卵盛期的蝇群的卵块进行强化饲育，即适当稀养，食期添加一部分自然发酵 2～3 天的麦麸、米糠等，勤加食，勤除渣，使幼虫健壮整齐。一窝幼虫，虽然饲养管理周到，化蛹仍有 2～3 天甚至 4～5 天的先后之差。因此，应选虫体大小、色泽基本一致的幼虫，放在 10 厘米左右深的盆内，再将这个盛有幼虫的盆放在另一个较大较深、盆底盛有一薄层糠粉之类比较干燥的粉状物的盆内，盆上加盖纸等物，使盆内保持黑暗通风。

成熟的幼虫排干体液后，就会纷纷从粪渣里面往盆外逃逸而掉进大盆底上粉状物内，准备化蛹。如果幼虫阶段发育整齐，1～2 天内大部分幼虫可以逃逸出来而化蛹。一般以 1～2 天内获得的虫体较好，剩下的可作饲料处理。收集逃逸出来后的虫体放在黑暗、通风、安静的环境中，平铺 2～3 层，待其化蛹。等到蛹体外层颜色变为褐色，即化蛹 2～3 天后，用称重或测量容积的方法计数，或先数 1000 个蛹，称重，然后按比例称取所要的个数重。也可以先数 1000 个蛹，用量筒测容积，然后按比例量取所要求的个体容积。计数以后分别用纱布包好，浸入（1～2）$\times 10^{-4}$ 的高锰酸钾溶液中消毒 5 分钟，洗净脏物，放入成蝇笼内让其孵化。在正常情况下，如化蛹整齐，而且体质健壮，绝大多数蛹体会集中在 1～3 天内羽化完毕。

2. 卵的孵化

将选完种子卵的蝇卵直接放入装有新鲜育蛆料的培养盘中孵化培养。第三天视育蛆料颜色决定是否需要添加新的育蛆料，若育蛆料比较松散，颜色发黑，说明虫口密度大，营养不够。这时可将上层育蛆料去掉一部分，然后添加新的育蛆料。也可采用两级培养，第一级是接种从蝇箱内取出的诱卵碟，连卵和诱卵料一并撒在料的表面，并稍加覆盖，不能有卵暴露于外，以免干死，一级培养的培养料质量要好，最好是麦麸或畜粪加麦麸。培养 2 天，移种到第二级培养料中扩大培养。这时的幼虫已是第二龄，具有较强的生活力。如用畜禽粪便，接种前先配制好含水量 70%左右的培养料，育蛆容器内培养料厚度以 6 厘米左右为宜，天热可薄一点，天冷则厚点，接种小蛆数量一般以刚将培养料吃完，幼虫达到老熟为度，表面可高低不平，以利于通气。若接种过密，由于虫口数量过大，培养料不够吃，就会造成幼虫大量外爬。过稀，则造成饲料浪费，费工，费料。一般每千克猪粪接种 18 000 只小蛆，其粪蛆转化率最高。

3. 饵料的添加

当室温在 22～29℃时，饵料的添加可避免用料过厚增温过高所造成的幼虫逃逸和培养料下部发酵所造成的饵料浪费。饵料厚度一般夏季 3～5 厘米，冬季 4～6 厘米。

4. 蛆料的分离

蝇卵孵化后，经过 4 天的培养，若不留种即可分离待用。若留作种蝇需继续培养直至化蛹。用蝇蛆作饲料，如果鲜用，用前需清水冲洗消毒，直接加入饲料中配合用。如果用干制品，则洗后烘干、粉碎、贮藏备用。蝇蛆与培养料的分离是生产中存在的一个难题。分离幼虫时，可利用幼虫的负趋光性，分离的方法有多种，如人工分离法、筛分离法、机械分离等。这些方法虽适用于以麦麸、酒糟、豆渣等农副产品下脚料为培养料的蝇蛆分离，但有时培养料是禽畜粪便的情况就完全两样。因为利用禽畜的粪便养殖蝇蛆虽可以化废为宝，生产优质昆虫蛋白质饲料，但因粪块载重，需要人工不断地将其翻动、摊薄，花工多，劳动强度大，工作环境差，料蛆分离率低（一般仅为 60%左右），所以这种分离技术成了制约用禽畜粪便规模化养殖蝇蛆的瓶颈。

利用蛆老熟后爬出培养料外化蛹的特性，蛆料自分离技术已经获得成功。对于采用养蛆池养殖的，可在养蛆池边角处设置集蛆桶（市售塑料桶），桶身埋入地下，桶上口稍高出池底面，并在地面形成一定的坡度，老熟蛆即会爬出料堆，自行跌入集蛆桶。对于采用育蛆盒养殖蝇蛆的，可待蛆老熟时将蛆料倒入养蛆池内进行蛆料的自分离。

与传统的人工分离法、筛分离法、机械分离相比，蛆料的自分离技术是一种全新的蛆料分离技术，它是根据蛆的生物学特性设计、研发出来的。进入分离程序以后，不需要光源、能源、机械，只需简单的装置和少量人工即可。为了促进蝇蛆养殖业的发展，促进蝇蛆养殖的产业化，现将蛆料自分离技术介绍如下。

（1）自分离的原理：本分离技术中利用了蛆的2个习性，一是趋干性，二是负趋光性。经观察，自然界中，老熟的蛆会自行从较潮湿的粪便等培养料中爬出，爬到比较干燥的地方去化蛹。蛆还具有负趋光性，即怕光。充分研究、利用这些特性，就能够实现蛆料的自分离。

（2）自分离的装置：自分离所需的装置、材料很简单，只需有育蛆盆、育蛆架、集蛆漏斗、集蛆盆、黑薄膜、喷雾器、清水，就可以进行了。

（3）自分离的方法和步骤：当蛆已老熟，蛆体微黄时，就可以着手进行蛆料的自分离了。蛆料自分离技术，解决了畜禽粪便养殖蝇蛆的最大难点，因而在畜禽粪便养殖蝇蛆的实用化上具有重要意义。

①先将蛆盆中待分离的蛆连同培养料（畜禽粪便）翻盆，即用粪叉将育蛆盆内的培养料上下翻动，把上面的料翻到下面去，把下面的料翻到上面来。

②料翻好后用喷雾器喷水，培养料的表面要潮湿。喷水加湿，让待在培养料中的蛆感到不舒服。

③将已加湿的蛆盆逐层放入分离架上。分离架的高度便于操作即可，一般可有6～10层。注意蛆盆要上下摆放整齐，这样分离的时候就不会出现上层蛆盆里蛆爬出来掉入下一层蛆盆里的情况，影响分离的效果。育蛆盆以浅口盆为好，一般高8～10厘米（育蛆盆规格为55厘米×

35厘米×8厘米）。

④蛆盆摆放好后，将分离架外框的黑色塑料薄膜外罩拉起来关闭严密。

⑤分离室的温度保持在30℃左右，蛆料自分离工作一般在下午4时以后进行。在这样的环境条件下，蝇蛆就会自动从畜禽粪便培养料中爬出来，纷纷落入分离架下端的集蛆漏斗，再落入位于集蛆漏斗下面的集蛆盆内（普通塑料盆即可，直径40～50厘米）。

⑥集蛆盆口装有防逃盖，以防止跌入集蛆盆的蛆再爬出来（防逃盖有倒支出的边）。集蛆盆内的蛆可定期收集起来及时处理备用。一般经24～36小时，蛆料自分离就可以完成，蛆料的分离率可达90%以上。

⑦分离出来的蛆可以直接饲用，特别是一些喜欢吃活食的特种养殖，最好加工成蛆干。分离出来的鲜蛆，放在锅内煮死，注意一定要充分煮开。在2毫米×2毫米网孔的网筛上过滤冲洗后放入烘箱内烘干为蛆干，应用起来十分方便。

（4）自分离的效果：简便省工，容易掌握，分离效果好，优于国内现有的各种蛆料分离技术。

5. 种蝇蛆的选留

留种用幼虫培育要料多质好。在一定的温度条件下，培养料的质量直接影响着幼虫的生长速度和个体大小，幼虫的生长发育情况又决定着蛹的大小和成虫的性别。幼虫如果营养不良，蛹羽化后雄蝇多于雌蝇，影响繁殖率。

留种的幼虫培养到老熟时，连盘放到铺有厚3～5厘米、含水大约45%细黄沙的育蛆池内，将育蛆盘按同一方向垒放好，盘与盘之间要有缝隙。老熟幼虫要离开它的生活场所，寻找较为干燥、阴凉、疏松的场所化蛹，这时它从盘内向外爬，落在细沙上，钻入沙土中不食不动地化蛹。也可将蛆料用分离筛分离出老熟幼虫，放入沙土中待其化蛹。1～2天后，已全部成蛹，用筛将沙土筛去，取出蛹。再将蛹经16目筛筛去小蛹，留下大的，每克约50只以上者留作种用。

6. 病害防治

要特别注意预防老鼠、蚂蚁、蟑螂、蟋蟀等敌害生物，特别是老鼠和蚂蚁的侵害。

7. 保种

如果冬天不想养殖，更不想来年再驯化种，那就需要保种。简单的保种方法为：在9～10月份秋末时，用好粪料养殖出一批健壮的蝇蛆，并让其变蛹，全部变蛹后，不能让蛹外表有水分。找一个或几个塑料饭盒把蛹放进去，然后用膜把塑料饭盒密封。可以把装蛹塑料饭盒放进电冰箱的冷藏室，保证温度在5～10℃，这种温度蛹不会死亡也不会孵化，来年室外温度上升到25℃以上时，取出放进蛆房中即可孵化；也可以把装蛹的塑料饭盒埋进井边一米以下的土中或用一条绳子吊在离井水一米的井中，来年室外温度上升到25℃以上时，取出放进蛆房中即可孵化。

8. 季节管理

随着不同季节气温的变化，蝇蛆的管理方法也不同，如天气温度高，蝇蛆生长旺盛，要有充足水分，因此必须多喂饲料，注意通风降温。冬季需要防寒保温等。

（1）春季养殖管理：春季我国大部分地区降雨量增大，空气湿润，昼夜温度相差悬殊。而苍蝇的养殖最关键的也就是温度和湿度。要做好温度和湿度的控制，要保持温度在20℃以上，白天气温高时开窗通风，夜晚要加温。温湿表放置的位置应合适，不要太高或太低，一般放在1米高的地方为宜。50平方米以上的房子要放置两个温湿表，这样测出的温湿度比较准确。

养殖蝇蛆春季管理应注意以下几点：

1）蝇房保温：春天气温较低，昼夜温差大，在自然条件下，苍蝇产卵较少，甚至不产卵，若出现寒潮，还会造成苍蝇大量死亡。要保证苍蝇正常产卵，蝇蛆产量稳定，须对蝇房实行保温措施。

在房间内用泡膜板或塑料膜隔出一些较小空间，做成一些4～10立方米的密封保温养蝇房（适当留排气孔），把苍蝇集中在这些蝇房中单独饲养。光线较差的养蝇房需挂一个100瓦以上的灯泡进行补光。蝇房在保温情况下仍不到20℃以上时，要进行适当增温，较小的蝇房可使用电灯或电炉进行增温；稍大的蝇房，可在里面放置蜂窝煤炉进行增温，炉子要加罩子，用铁皮烟筒把煤气导出蝇房，防止有害气体毒死苍蝇。

2）粪料发酵：把粪料配制好后，再加入约10%切细的秸秆，均匀浇入EM活性细菌（每吨粪加5千克）使粪料含水90%以上，于发酵池中密封发酵。第三天将粪翻动，每吨粪再加入3千克EM，一般5～6天后粪料即可使用。春天气温较低，粪料发酵时间适当缩短，让粪料在饲喂蝇蛆过程中发酵产生热量，可减少或不用外加热源，蝇蛆都能正常生长。

3）加强管理：10平方米的蝇房保证至少2万只以上苍蝇的数量。每隔2～3天要留出适量的蛆让其变成蛹羽化苍蝇，因为苍蝇的寿命一般为15天左右，种蝇每天都在老化死亡。

每天早上都要定时投喂苍蝇，投喂的配料为水350克，红糖50克和少量奶粉（10平方米养殖面积用量），为了提高苍蝇产卵量，再加入2克催卵素（催卵素投喂3天应停3天再用）。以上原料溶化后加入食盘海绵中，另用小盘盛装少量红糖块供苍蝇采食。食盘和海绵每隔1～2天须进行清洗。

每天下午用盆装上集卵物，放到蝇房让苍蝇到上面产卵。集卵物可采用新鲜动物内脏或麦麸拌新鲜猪血等。傍晚用少许集卵物盖住卵块利于孵化，第二天把集卵物和卵块一起端出加入育蛆池粪堆上。

（2）夏季养殖管理：夏季是个多雨的季节，温湿度的调控是关键。

1）温度的测定与控制：温度对苍蝇的影响十分显著。温度过高或过低，均能造成苍蝇死亡。苍蝇卵、幼虫和蛹期发育的最低温度分别为 10～12℃、12～14℃和 11～13℃，最高生存温度分别为 42℃、46℃和 39℃。苍蝇生长、发育的适宜温度在 20～35℃，较适温在 25～30℃。在苍蝇正常生长发育的温度范围内，高温加速发育，低温则发育减慢。

测定温度常用温度计，温度的高低一般用摄氏度数表示，写作“℃”。在昆虫饲养中常用的温度计有水银温度计、酒精温度计、最高最低温度计、双金属片自记温度计、热敏电阻温度计、热电耦温度计等。

保持温度有以下几种措施：

①加温：温室的加温依靠阳光、火炉或电炉。多数饲养实验室的加温用电炉作热源。体积较小的养虫箱，往往用一两只电灯就足以保持一定的温度。大型饲养室多用锅炉暖气或热风炉作热源。

②降温：加强通风和洒水能降低温度。在小范围内降温可放置冰块，但较大空间内的降温，需要机器制冷装置才能实现。利用空调降温，是机器制冷的一种。

③恒温：恒温在较小范围内多采用培养箱来实现，在较大空间则需要空调系统。

温度的控制按供热方式可分为三大类：第一类是开关供热控制器，通过自控装置控制供热开关。温度低时，控制器便自动打开供热开关，使温度升高；温度高时，控制器便自动切断供热开关。第二类供热法为比例控制供热器，主要通过定时控制电路来控制自控器的开关。第三类控制器为连续供热控制器，采用连续的自动补偿方法，使供热恰好等于散热。

2）湿度的测定与控制：在苍蝇生活周期中，湿度也是一个极重要的因子。实验证实，空气相对湿度对蛹的羽化率、雌蝇产卵及雄性成虫的寿命均有显著性影响，如前所述，前两者的最佳理论值为76％，后者为65％。在苍蝇的饲养中，对湿度进行测定和控制很有必要。

湿度通常用相对湿度的百分数来表示。在昆虫饲养中常用的湿度计有干湿球湿度计、阿斯曼温湿计、毛发湿度计、自记湿度计、数字显示温湿度仪等。

保持温度有以下几种措施：

①增湿：在限定的空间中，提高湿度有各种方法。在较大的空间如饲养室（或温室）中，可用喷雾、洒水、暴露浸湿的物质（如纸、纤维等）、设置水盆水盘等即可达目的。在较小的封闭容器内，可放置多湿物质，也可直接放置盛水的容器来提高湿度。

②降湿：加强通风，可降低湿度。空气湿度较高时，可采用吸湿物质如浓硫酸、氯化钙、生石灰等来降低湿度。

③恒湿：在较小的封闭容器中，氢氧化钾、硫酸和许多饱和盐溶液，能造成恒定的湿度。

在现代化的恒湿室中，恒湿是由毛发湿度计或干湿球湿度计与其他电气装置相联系的一套设备来控制的，当湿度未达到要求时，高湿的空气被电扇吹入一定空间：当达到湿度要求时，电路断绝，停止送入高湿空气，从而实现湿度的恒定。当要求的湿度比大气湿度低时，则需要吹入经吸湿剂干燥过的空气。

3）光的测量与控制：光的强度、光周期、光的波长对蝇的繁殖、生存、生长发育等都有一定的影响，因而在蝇的饲养繁殖中对光照强度和光周期等进行控制亦有必要。

光照强度用烛光表示，可用照度计来测定。

约1000烛光可造成0.1℃的温差。

以24小时为周期的昼夜变化，是动物生活节律的依据，也是生长发育的信号。光周期的控制极易用人工的遮光、曝光方法实现。如可用电灯、日光灯等增加光照；不需要光照时，可关灯，或用黑布加以遮盖。也可以通过连接时钟控制电源开关来控制光周期。

4）防雨避晒：棚内养殖要注意防雨，以免破坏蝇蛆养殖环境。盛夏季节还要注意避免阳光暴晒，防止蝇蛆饲料干硬致使蛆虫死亡。

(3) 冬、秋管理：如果在冬、秋季节生产蝇蛆，往往采用室内育蛆。

苍蝇的活动受温度影响很大，因而，在冬季养殖苍蝇一定要做好以下几点管理工作：

1）防寒保暖：进入秋季，明显的感觉是一天的温差特别大，天气变化不定，饲养房内应尽量保持温度稳定，不可忽高忽低，室内饲养要关好门窗以防止贼风侵袭。

为了冬季也能正常生产蝇蛆，气温一旦低于20℃，苍蝇就不会产卵，这时就要想办法进行保温升温措施，加强室内的保温管理，时常查看室内温度，发现温度降低，要及时升温，用煤做升温炉的，深夜要添加煤炭，把量加足，以保整个晚上都有20℃以上温度，昼夜温差不超过5℃

为好。

一般一个烧煤球的炉子，可以加温二三十平方米面积的房子，温度达到25℃以上。用炉子加温，炉上放壶水，水烧开产生水汽，可以调节房内湿度。平时可在炉上放铁锅炒蛆制蛆干，炉火可加温又可制蛆干，一举两得。

有条件者可以放一个温控器，当温度达到规定值后，温控器会自动控温操作，这样就不需要人工操作了。

2）喂食管理：苍蝇的产卵，不仅仅与温度有直接的关系，还与所投喂的食物有很大关系。冬天不但要给苍蝇投喂红糖、奶粉、蛆粉等高蛋白质的食物，还要给苍蝇投喂一些能量饲料或苍蝇复合营养素，这样才能提高苍蝇的产卵量，达到高产的目的。

9. 养殖中易出现的问题及解决办法

（1）种苍蝇驯化有一定的难度，且时间也较长。

解决的办法：直接引种。

（2）种苍蝇不产卵：种苍蝇总停留在光线较强的地方不愿下来吃食物，不产卵或产卵极少。

出现这种情况的原因首先主要是环境因素，如气温过低、光线太暗、养殖房内有苍蝇不喜欢的异味、食料盘与海绵未清洗产生异味、饲喂苍蝇的食物变质、粪料不新鲜或发酵过头、集卵物不新鲜、养殖员在蝇蛆房吸烟、养殖员在养殖房内活动大手大脚驱赶苍蝇、雄性苍蝇过多而雌性苍蝇极少等。

解决的办法：养殖房内的温度要求在22℃以上，38℃

以下，光线不能太暗；消除如油漆等其他异味；食料盘与海绵要求2天清洗一次，海绵20天更换一次新的；每天都要用新鲜的食物饲喂种苍蝇，养殖蝇蛆的粪料要求最好是新鲜的（3天以内的）；集卵物要现配现用，集卵物中不能加入EM或苍蝇不喜欢的物质；在养殖房内严禁吸烟；养殖员或参观者进入养殖房内要轻轻走动，严禁驱吓苍蝇；用较好的粪料养好留种的蝇蛆，以保证有足够的雌性种蝇。解决了以上问题，要想让苍蝇多产卵是很容易的。

（3）蝇蛆在还未长大就往外爬：在正常的养殖情况下，蝇蛆是长大成熟后才爬出粪堆，但在养殖中，有的还未长大就爬了出来，一大堆小蝇蛆在粪堆上来回乱爬，不愿钻入粪堆中吃食物。主要原因一是粪料中的温度太低，粪料温度在低于27℃时，蝇蛆就很难吸收粪料中的养分，蝇蛆只好集体钻出粪堆寻找食物。解决办法是提高养殖房内的温度，粪料的温度也就提高，其中养分能够让蝇蛆吸收；用新鲜的粪料放在正在到处乱爬的蝇蛆上，蝇蛆就会马上钻进新粪料中觅食。二是蝇蛆数量太多，粪料不够，粪料中的养料已被蝇蛆全部吃完，没有了食物，蝇蛆只好出来另找食物了。解决的办法是添加新粪料。出现以上情况在春秋季最多。

（4）蝇蛆不自动分离或分离不干净：自动分离的原理是利用蝇蛆的生理特征，蝇蛆在长大成熟后就要化蛹，但它们都不喜欢在生长的粪堆里化蛹，它们就会从粪堆中爬出来，但被育蛆池的池墙挡住了，它们只好沿着墙边往两边走，快到收蛆桶边的时候，它们碰到了一个微小的坡，它们反而更加争先恐后往上爬，刚爬到收蛆桶边上时，一个突然的下坡（蝇蛆没有眼睛）使它们措手不及地掉进了收蛆桶中就再也爬不上来了。冬春季节，总发现蝇蛆分离不干净，许多蝇蛆在粪中化蛹了。其原因一是养殖房内温度太低，低于20℃，而粪堆中温度却在30℃以上，蝇蛆爬出来马上感觉到外面的温度对化蛹会不利，只好在粪堆中化蛹了；二是养殖的粪堆太大，旁边的蝇蛆自动分离了，而生存在粪堆中间的蝇蛆爬了很久都还没有爬出粪堆，没有眼睛的它们以为粪堆是无边无际的，再爬也是徒劳，只好在粪堆中化蛹；三是蝇蛆频繁的活动把粪弄散后使粪连育蛆池边都塞满了，蝇蛆连爬出的路都没有了。

解决的办法：蝇蛆自动分离的时间在3～9点，这其间的温度应该在20℃以上，每个育蛆池中粪重量在100千克以下，每天要2～3次把堵塞在育蛆池边的粪料铲到中间，使蝇蛆育蛆池墙边的路畅通无阻。

四、养殖过程中蝇害的防治

在生产中要严密封锁种蝇室与外界的联系，保证种蝇不外逃；还要对废旧料及时处理，如利用密封、加热等方法杀死其中的幼虫和蛹，防止造成污染。在苍蝇养殖过程中不可避免地会造成成蝇的外逃，因此及时在养殖室内消灭成蝇从而防止其扩散到外环境中就很重要。

第一，苍蝇是传播疾病的害虫，是防疫、环保、卫生部门的主要消灭对象。因此，在饲养过程中必须制定一套完整有效的规章制度，严格杜绝所养殖的蛆爬出室外。要做到只见笼中有蝇而室内无蝇。蛆盘中有蛆，房内无蛆。

第二，所有贮料池、配料池都必须封闭加盖，杜绝外界的苍蝇在此产卵、繁殖。

第三，严格控制蛹的存贮，杜绝无计划地化蛹及蛹羽化为成蝇后外逃。

第四，禁止无关人员进入饲养室。工作人员需换工作服后进入，防止带入致病菌。室内不能使用任何化学灭蝇剂。

第五，注意养殖场周围的环境卫生，杜绝粪坑、污水、垃圾的污染。

第6章

蝇蛆的加工与利用

蝇蛆是一种高蛋白、高脂肪、氨基酸含量较全面的昆虫资源，被誉为“动物的营养宝库”，并可进行加工，具有更好的饲用和食用价值。

一、蝇蛆的成分分析

蝇蛆蛋白含量约为60.53%，氨基酸种类齐全，含人体所需的8种必需氨基酸以及组氨酸，其必需氨基酸含量占氨基酸总量的42.14%，完全超过了FAO/WHO建议的优良蛋白质必需氨基酸应占氨基酸总量40%的标准。蝇蛆蛋白与其他优质动物蛋白相比较毫不逊色，其营养价值甚至还要高于其他动物蛋白，因此它是一种优质的蛋白资源。

蝇蛆的脂肪中不饱和脂肪酸所占比例较大，其P/S值明显高于牛、羊、鸡、猪等肉类。其脂肪含量因季节和虫龄期的不同会有所差异。蛹和幼虫脂肪含量高，分别为19.2%和27.3%。此外，蝇蛆还含有很多糖类、矿物质、微量元素和维生素。

蝇蛆的营养成分全面，尤以粗蛋白质含量较高。无论原物质（15.62%）或干粉（60.88%）都与鲜鱼、鱼粉及肉骨粉相近或略高（见表6-1）；同时，蝇蛆体内还含有钾、钠、钙、锌、镁、铁、铜、锰、磷、硒、锗、硼等多种生命活动所必需的矿物质元素。

表6-1　6种样品营养成分对照（%）

名称	粗蛋白质	脂肪	碳水化合物	灰分	水分	粗纤维
蝇蛆原物质	15.62	1.41	0.89	1.50	72.30	0.55
蝇蛆干粉	60.88	2.60	—	—	—	—
鲜鱼*	11.60～19.50	0.60～3.20	0.60～3.30	1.00～3.30	68.10～81.00	—
鱼粉*	38.60～61.60	1.20	2.80	20.0	11.40～13.50	19.41

续表

名称	粗蛋白质	脂肪	碳水化合物	灰分	水分	粗纤维
肉骨粉 *	50～60	12.40	7.20	9.20	5.60～8.20	—
麦麸	11.40～15.50	—	53.60	5.70	12.00	10.50

有些数据摘自《食物成分表》(王达瑞等，1991)

中国科学院动物研究所委托北京营养源研究所分析室对本所用麦麸饲养的蝇蛆干粉做了成分分析。结果，粗蛋白质含量为 55.43%，粗脂肪 16.74%，粗纤维 6.21%，灰分 9.03%，水分 2.64%，钾 1.44%，钠 0.31%，钙 0.11%，镁 1.40%。18 种氨基酸含量见表 6-2。

表 6-2　蝇蛆干粉氨基酸含量

氨基酸	毫克/100 毫克样品	氨基酸	毫克/100 毫克样品
天门冬氨酸 ASP	5.91	亮氨酸 LEU	4.53
苏氨酸 THR	2.31	酪氨酸 TYR	4.44
丝氨酸 SER	2.34	苯丙氨酸 PHE	3.91
谷氨酸 GLU	8.62	赖氨酸 LYS	4.13
甘氨酸 GLY	2.80	组氨酸 HIS	1.50
丙氨酸 ALA	3.40	精氨酸 ARG	3.08
缬氨酸 VAL	2.98	脯氨酸 PRO	2.37
蛋氨酸 Y EY	1.70	色氨酸 TRP	0.80
异亮氨酸 ILE	4.27	胱氨酸 CYS	0.53

对以盐酸沉淀法获得的蝇蛆蛋白粉进行营养评价（见表 6-3），其粗蛋白质含量为 73.03%，粗脂肪为 23.01%，灰分为 1.83%。提取的粗蛋白质含量比蝇蛆干粉高 18.56%，粗脂肪高 11.5%，灰分低 9.6%；氨基酸中除丙氨酸含量低于蛆粉外，其余氨基酸含量均高于蛆粉，必需氨基酸配比合理（见表 6-4）。蝇蛆蛋白粉被动物摄食后在动物体内的吸收程度比粗蛆粉高，此结果表明，蝇蛆蛋白粉是一种优质蛋白。

表 6-3　蛆蛋白粉营养成分组成

成　　分	蝇蛆干粉	蛆蛋白粉
蛋白质	54.47	73.03
碳水化合物	12.04	0
脂肪	11.60	23.10
粗纤维	5.70	0
灰分	11.43	1.83
水分	5.80	3.34

表 6-4　粉、蛆蛋白粉氨基酸（%）

氨基酸	蝇蛆干粉	粗蛋白粉
天门冬氨酸 ASP	5.40	7.60
苏氨酸 THR	2.39	3.17
丝氨酸 SER	1.83	2.57
谷氨酸 GLU	8.91	10.67

续表

氨基酸	蝇蛆干粉	粗蛋白粉
甘氨酸 GLY	2.36	2.67
丙氨酸 ALA	3.64	3.21
胱氨酸 CYS	0.31	0.50
缬氨酸 VAL	2.87	3.71
蛋氨酸 MEY	1.26	2.27
异亮氨酸 ILE	3.10	3.98
亮氨酸 LEU	3.85	5.68
酪氨酸 TYR	3.24	5.27
苯丙氨酸 PHE	3.08	4.87
赖氨酸 LYS	4.45	4.97
精氨酸 ARG	2.18	3.88
组氨酸 HIS	1.27	1.59
脯氨酸 PRO	2.19	2.34
总和	52.33	69.04

二、活体蝇蛆的消毒

用粪料育蛆，蝇蛆一般带细菌比较多。活体蝇蛆在加工采用之前，必须对蛆体进行消毒灭菌处理。处理的原则是既要达到消毒灭菌的效果，又要不损伤蝇蛆机体。

1. 高锰酸钾溶液的消毒

首先将活体蝇蛆在清水中漂洗 2 次，除去蛆体上的污物；然后用开水烫死，或用 0.001％的高锰酸钾溶液浸泡 3～5 分钟即可捞起，直接投喂于待食动物的食台上或作为动态引子拌入静态饲料中。

2. 病虫净药液的消毒

病虫净为中草药剂，其药用成分多为生物碱及醣苷、坎烯、脂萜等多种低毒活性有机物质，故在一定的浓度之内既可彻底消除蚓体内外的病毒、病菌及寄生虫，又可确保蝇蛆的自然属性不受很大的影响。

3. 吸附性药物消毒

将 0.3％的磷酸酯晶体倒入 3000 毫升饱和硫酸铝钾（明矾）水溶液中，进行充分的搅拌。待溶液清澈后，将清洗后的蝇蛆投入，浸泡 1～3 分钟。当观察到溶液中有大量絮化物时，即可捞出蚯蚓投喂水产动物，用该蚯蚓直接做饵料，具有驱杀鱼类寄生虫的效果。但该蚯蚓不得直接用于饲喂禽类，以防多吃后中毒。

三、蝇蛆的利用

（一）用作实验材料

国内外有很多报道，利用苍蝇、果蝇和麻蝇等生活史周期短、繁殖率高、成本低和容易表达等特点，来进行农药毒理学、遗传学、抗衰老学机制的研究。也有用来做实验动物，进行神经、视觉、嗅觉等生物学基础理论的研究。

（二）在养殖方面的利用

在动物养殖中，鲜活饵料营养全面，有利于畜禽和鱼类的摄食和生长，特别是在畜禽和鱼类的幼体阶段（如幼鱼、雏鸡等）以及处于繁殖期的动物。作为鲜活饵料，蝇蛆正好满足了这些动物对营养和蛋白质需求高的特点。此外，有些动物以活食为主（如牛蛙、林蛙）或喜食活饵料（如黄鳝、观赏鸟类、蝎等），蝇蛆具有其他饲料难以比拟的优点。因此在动物养殖中，开发蝇蛆作为鲜活饵料是十分可行的。

（1）作为替代鱼粉的蛋白饲料源：从蝇蛆的营养分析及饲养效果来看，蝇蛆完全可以作为替代鱼粉的动物蛋白饲料，蝇蛆繁殖及生产上的优势更证实蝇蛆替代鱼粉的可行性。世界鱼粉市场最近几年由于产量减少而消费量增加，价格不断上涨，1995/1996年度世界鱼粉产量已减至4年来最低水平，存货已减至6年来最低水平，1997/1998年度的资源总量比上一年度初减少40万吨。目前我国是世界上最大的鱼粉进口国，1996/1997年度国外采购量为127万吨，1999年国外采购量为95万吨，国内鱼粉单价已达到5000元/吨。如此大的动物蛋白市场，必将大大鼓舞蝇蛆的养殖。

（2）作为载体饵料生物所谓：载体饵料生物是指某些饵料生物能将一些特定的物质或药物摄取后，再来饲养其他动物，当动物捕食到饵料生物时，那些特定的物质或药物也同时被消化吸收，从而促进了饲养动物的生长发育，或者防治所饲养动物生活中极易发生的某些病害。这些可用来当运载工具的生物即是载体饵料生物。利用蝇蛆的生产及营养优势，近年来也开发了相应的蝇蛆载体饵料生物。据资料显示，国外已有色素载体蛆、抗生素载体蛆等成功实践经验。载体饵料生物通过生物转化的方式，具有高效、无毒害等优点，而且从环保角度讲，具有变废为宝的优点。相信载体饵料生物今后必将成为饵料生物的一个发展趋势。

（3）开发饲料添加剂：饲料添加剂是为提高饲料利用率，保证或改善饲料品质，促进饲养动物生产，保障饲养动物健康而掺入饲料中的少量或微量的营养性或非营养性物质。由于蝇蛆具有较高的营养价值及药用价值，含有丰富的氨基酸和微量元素及多种活性成分（如抗菌蛋白、凝集素、粪产碱菌以及磷脂等），因而可开发成具有较高附加值的氨基酸类和中药类饲料添加剂。

1. 喂猪

先将蝇蛆用清水洗干净，盛在菜篮里，再浸到盛有开水的容器内烫 4～5 分钟，并不断地摇动菜篮，使之烫匀。然后，把幼蝇蛆摊在竹帘或水泥地上晒干。一般晒干后及时磨粉，约 2.5 千克鲜蝇蛆可磨成 0.5 千克蝇蛆粉。用 97％的蝇蛆粉、3％的多种维生素混匀即成，如果多种维生素等添加剂难以配齐，在制生猪快速生长剂时，可改用饲料精 20 克加 54 千克蝇蛆粉，掺在 100 千克猪饲料中饲喂。用量是仔猪食后每头每天喂 2～4 克，25 千克以下的小猪每头每天可喂 10 克，25 千克以上的猪每天每头喂 15 克，50千克以上的猪每天每头喂20克，均匀拌入饲料中喂食。

在基础日粮相同的基础上，每头猪每天加喂 100 克蝇蛆粉或 100 克鱼粉，结果喂蝇蛆粉的小猪体重比喂鱼粉的增加 7.18％，而且每增重 1 千克毛重的成本还下降 13％（见表 6-5），用蝇蛆喂的猪瘦肉中蛋白含量比喂鱼粉的高 5％。

表 6-5　干蛆粉喂饲小猪实验

观察项目	蛆粉组	鱼粉组
实验头数	4	4
预试期（天）	7	7
初始重量（千克）	91.25	88.75
初始均重（千克）	22.81	22.18

续表

观察项目	蛆粉组	鱼粉组
终总重量（千克）	244.25	234.5
终均重量（千克）	61.06	58.62
总增重（千克）	153	142.75
平均增重（千克）	38.25	35.68
比对照平均增重率（%）	+7.48	

2. 喂鸡

目前，虫子鸡、生态蛋已成为农民致富增收的一个好项目。一般有条件的养殖户可以种植被树调整局部小气候，给培育虫子鸡，下生态蛋创造一个良好的生活环境。一般可以选择经济林，因为范围比较广，树的品种多，有宽叶林、针叶林、乔木、灌木，有幼龄、成龄，有常绿、有落叶的。经济林对于形成局部小气候起决定性的作用。因此，应根据不同季节的气候变化来安排虫子鸡的饲养场所。夏天宜安排在乔木林、宽叶林、常绿林、成龄树园中，如板栗、毛竹、油茶林、柑橘、胡柏、梨园、枣园、李园、葡萄园等；冬天则安排在落叶、幼龄果园为好，如板栗、桃园、李园、梨园、毛竹林以及刚刚栽下1～3年的各种果园和经济林。这里主要是利用树木和阳光的关系，给虫子鸡创造一个比较适宜的生产环境来提高虫子鸡的产蛋率。

培育虫子鸡、生态蛋，不喂全价配合饲料，而是用原粮或谷物喂养，单纯性喂原粮或谷物，其中粗蛋白含量严重偏低，因此需要蛋白质含量高的食品给予补充。目前任何动物蛋白都无法同蝇蛆蛋白媲美，是虫子鸡培育过程中最重要的饲料。经采用这种方法喂养的虫子鸡其肉味不仅鲜美，生的蛋有天然清香，蛋黄色度达 11 以上（普通鸡蛋蛋黄色度只有 5～6），维生素 E 含量是普通鸡的 3 倍，在我国禽蛋市场上很受消费者的青睐。用蝇蛆喂养土蛋鸡下的鸡蛋不仅品质好、口味好，而且不含抗生素和激素，不会发生食物安全问题，符合市民对食物卫生、安全、绿色的要求。

用蛆喂养 15 日龄以上的小鸡，成活率基本达到 100%，而且长得快，鸡肉口感好，肉质细腻。

蝇蛆从收蛆桶中取出后，消毒清洗后可直接喂鸡，用量可占全部饲料的 30%，如果将蝇蛆用开水烫死后饲喂，掺用量可占 40%。因蝇蛆中的蛋白质含量较高，其他饲料要以玉米粉、小麦麸等能量饲料为主，不必再添加豆粕、鱼粉类蛋白饲料。

在雏鸡阶段，每天加喂部分蝇蛆，每千克鲜蝇蛆可使雏鸡增重 0.75 千克，喂蝇蛆组的鸡开产日龄比对照组提前 28 天，产蛋量和平均蛋重都明显高于对照组。

在基础饲料相同的条件下，每只鸡加喂 10 克蝇蛆，产蛋率提高 10.1%，每千克蛋耗料减少 0.44 千克，节约饲料 58.07 千克，平均每 1.4 千克鲜蝇蛆就可增产 1 千克鸡蛋，而且鸡少病，成活率比配合饲料喂养的高 20%。

3. 喂鸭

可饲喂10日龄以上的雏鸭，喂量开始宜少，逐渐增加，最多喂至半饱为宜。以白天投喂较好，在傍晚投喂的宜在天黑以前喂完，以免吃蝇蛆后口渴找不到水喝，造成不安。喂饱的鸭不要马上下水，如食入过量，可按饲料的0.1%～0.2%喂服干酵母。

4. 喂冷水鱼

用干蛆配合饲料喂冷水鱼，完全符合冷水鱼的营养要求，冷水鱼长势快，饵料系数低，一般吃1克长1克，效益特别高。如果用鲜活蝇蛆来喂冷水鱼，可100%代替饲料，冷水鱼吃鲜蛆不但吸收快，长势好，不易生病，利用率高，蝇蛆来源易得，而且不污染水源。由于鱼类摄食方式多为吞食，投喂的蝇蛆不可过大，否则鱼不能吞食，每次投虫量也不可过多，以免短时间内不能食完，出现虫子腐败现象。

5. 喂鳖

以蝇蛆饲喂出壳1个月的稚鳖，其体重平均每只增加4.53克，增重率平均为160.27%；而喂养鸡蛋黄的稚鳖平均每只增重1.2克，增重率平均为42.61%，前者是后者的3.8倍。

6. 喂蛙

用蝇蛆饲喂青蛙，其生长速度、成活率与黄粉虫喂养效果相同。

7. 喂虾

用蝇蛆粉喂虾同样有较好效益，虾体健壮且少生病。

（三）蛆蛋白粉

1. 蛆干

将分离出来的鲜蛆及时用清水清洗，经开水煮沸后立即烘干或晒干即可，有条件者也可采用制干机。质量要求无霉烂、无杂质、无异味，颜色为淡黄色，含水分 5% 以下。

2. 蝇蛆饲料粉

蝇蛆饲料粉是将鲜蝇蛆经冲洗干净后，将其烘干、粉碎后即可成为蝇蛆粉，可直接喂养禽畜和鱼、虾、鳖、水貂、牛蛙等，也可以与其他饲料混合，加工成复合颗粒饲料，也可以较长时间地保存和运输，易为养殖动物食用。

3. 蝇蛆蛋白粉

无菌蝇蛆提供的蛋白粉是一种优质蛋白，营养价值很高，含优质蛋白达 60.88%，含有 32 种氨基酸，其中 8 种人体不能合成，并含有丰富的维生素及钾、钠、钙、镁等无机盐元素，含铁、铜、锌、锰、磷、钴、铬、硒、硼等20种微量元素。蝇蛆体内的许多活性成分具有促进生长、增强记忆、抗疲劳、抗辐射、护肝、延缓衰老、提高人体免疫力等特点。对高血压、糖尿病、肥胖、肾虚及营养不良等疾病有较好的营养保健和辅助治疗作用。

用清水冲洗无菌蝇蛆，将冲洗干净的蝇蛆放入压榨机进行压榨；将压榨后的蝇蛆过筛，并加水冲洗，洗至只剩下蛆皮，同时得到洗涤液；向洗涤液中加入氢氧化钠溶液，调节溶液的 pH 至 8～9，然后静置；用滤布过滤溶液，滤掉不溶物，向得到的滤液中加入盐酸，并调节溶液的 pH 至 5～6，将溶液静置 10～13 小时，使蛋白质大量沉析出；用离心机分离出沉析的蛋白质凝乳，用清水洗涤蛋白质凝乳至中性，然后在200℃高温下快速灭菌；将蛋白质凝乳浓缩，加压喷雾干燥，制得粉状蝇蛆蛋白粉。

具体工艺：虫体清洗除杂→软化→杀菌→烘干→脱色、脱臭→洗涤→破碎→提取分离→洗涤→烘干→粉碎→筛分→成品。

（四）蝇蛆食品

蝇蛆作为一种高蛋白昆虫目前在饲料、饲养方面的应用较多，在食品加工领域还处于初始阶段。

1. 食用蝇蛆养殖的卫生要求

如果要利用蝇蛆来制作保健食品，在养殖上的要求是很高的。

(1) 种源的选择：作为食用蝇蛆，首先要选择好苍蝇的种源，目前能够人工培育出来的无菌苍蝇种主要是工程蝇（即家蝇），这种苍蝇产卵多，好饲养，年生长期长，生产出来的蝇蛆营养丰富，蛋白质高，而且色泽金黄透明，一天不喂饲，蝇蛆体内不存积粪便，看上去不恶心，这种蝇蛆才有很高的利用价值和广阔的市场前景。

(2) 场地的选择：应选择在向阳背风，光照时间长，环境安静无污染，离居民区较远地方建场，场内种植一些花草树木等植物，以达到一种自然生态条件，这样既可净化空气，又能美化环境。

(3) 苍蝇房设施：为达到卫生标准，苍蝇养殖房地面应安装地砖，离地面 1 米高的墙壁也应安装墙砖，要求苍蝇养殖房窗要多，空气要流通，门窗都要用纱窗网封严，不让外界的苍蝇进入养蝇房。养殖苍蝇的笼子应该用洁净的尼龙网，最好不用一般的纱窗。门口应有更衣室、消毒池或消毒通道（通道内装上灭菌灯）等一些杜绝疾病的基础设施。

(4) 蝇蛆房要求：蝇蛆是苍蝇的后代，也是需要得到的东西，如果是作为食用蝇蛆，养蛆房的要求也是比较严格的。蝇蛆房要与种蝇房分开，不能混合使用。蝇蛆房的门窗、地面、墙壁也与种蝇房要求一样。

(5) 饲料：喂养苍蝇的食物应选择高质量的红糖、奶粉或者苍蝇营养粉等，不能用腐烂变质或带有细菌的食物喂养苍蝇，不能有病菌源头带到苍蝇笼内。食用蝇蛆的饲料应该选用麦麸为好，麦麸要求不含防腐剂或防虫药物。

（6）操作：不管是喂养苍蝇，还是喂蝇蛆，进出都要更换衣服，工作人员穿上工作服，戴上口罩、手套等，进入苍蝇或蝇蛆房之前，手脚都要进行消毒处理，穿上工作鞋。杜绝外来人员进场参观，严格避免病菌的带入。养殖苍蝇的笼子、养蝇蛆的饲料盆等一切用具都要定期消毒。地面每天打扫干净。

2. 可开发的产品

（1）传统加工品：蝇蛆的幼虫、蛹经过排杂处理、烫漂、沥干水分，再经过爆炒或油炸，加入调味料即可食用。

①油炸脆蛆

原料：鲜活蛆500克，油菜心200克，精盐30克，熟猪油1000克（耗150克），调料适量。

制法：将蛆用冷水迅速淘洗干净，控干水分；锅上火，注入清水加盐（10克），沸后，下蛆汆一下使蛋白质凝固，捞出晾干水分；锅上火，注入油烧至四成热，下菜心，快速走油，捞出控干余油，撒上盐（20克）。待油温烧至六成热，下蛆炸至金黄色捞出。用两个油菜心夹一个蛆，沿盘围一圈，余放盘心即成。

②椒盐蝇蛹

原料：蝇蛹50～100克，鲭鱼300克，色拉油、鸡蛋、味精、盐、淀粉、面粉、料酒、生姜、麻油各适量。

制作：将鲭鱼改刀切成鱼条，加盐、料酒、姜腌渍片刻，用鸡蛋、盐、淀粉、面粉调成全蛋糊待用；把鱼头挂糊下入 140℃油中炸至金黄色，捞出码盘，蝇蛹用文火炸至体内浆开，捞起下入椒盐葱花，淋香油装盘即可。

③玉笋麻果

原料：蝇蛆 100～150 克，糯米粉 200 克，白芝麻、莲蓉馅（或豆沙馅）、色拉油、淀粉、盐各适量。

制作：糯米粉加适量水搅拌均匀待用，莲蓉馅搓成小指头大小，将其用温糯米粉包在中间（大小约大拇指头大），放入芝麻中，使其均匀裹上芝麻。蝇蛆洗净控干水，用干纱布沾干水分，加少许盐，干淀粉拌匀，用细密格漏勺拌去多余淀粉待用；炒锅上火加色拉油，油温四五成时下麻果炸至淡黄色捞出，油锅继续上火，烧至五六成时下入蝇蛆并立刻捞出，放入盘中，麻果呈圆形围在旁边成美丽图案即成。

④五香蛆芽

原料：蛆芽 500 克，五香粉 5 克，猪油 1000 克（耗 80 克），精盐 20 克。

制法：锅上火，注入清水 1000 毫升，加盐、五香粉，待水沸后放入蛆芽，煮至水剩一半时捞出，控干水分；锅上火，注入油，烧至七成热，下蛆芽，炸呈金黄色捞出装盘。

（2）蝇蛆锅巴：以普通方法加工锅巴，在拌米、面时加入适量蝇蛆粉，加过蝇蛆粉的锅巴有一种特殊的风味。

1）加工原料：大米 100 千克，植物油 30 千克，淀粉 5 千克，蝇蛆粉 6 千克，调味料适量。

2）工艺流程：大米→精选→淘洗→浸泡→蒸煮→晾

晒→拌淀粉、蝇蛆粉→压片→切片→油炸→调味→冷却→检验→包装→成品。

3）加工要点

①料处理：大米精选后淘洗干净，然后放到温度为10～30℃的清水中浸泡18～24小时。各种调味料要研磨细和熟化。

②蒸煮：大米蒸煮后软硬适中，富有弹性。

③晾晒：蒸煮后的大米，立即倒出平摊冷晾，使米粒表面的水分迅速蒸发掉，避免粘连结块。

④拌淀粉、蝇蛆粉：晾晒后的大米立刻掺入干淀粉、蝇蛆粉混拌。

⑤压片：一次压片是将拌好淀粉的大米放入压力辊间隙为0.3～0.5毫米的压片机中，压成厚度相同的薄片。二次压片将压力辊间隙调至1.5～1.8毫米，重叠反复压3～5次，制成厚度一致的大片。然后按要求切成一定形状的小块，过筛。

⑥油炸：将筛去多余份料和残渣的坯料装笼摊匀，入油锅油炸，油温140～150℃，时间7～8分钟。

⑦调味：炸片刚刚出锅沥油，迅速将调制好的干粉料直接喷洒到炽热状态下的炸片上即可。

⑧包装：经彻底冷却后即可包装。

（3）速冻蝇蛆：冷冻是当前最普遍、最简便、最佳的方法。将采集来的蝇蛆洗净，经过排杂处理后整形、挑选，然后装入食品级塑料袋中，排出空气（抽真空最佳），密封，每袋（瓶）装入1～2千克，立即放入－18℃（或以下）的冷库或冰柜中冷冻贮存，将会基本保持幼虫的鲜度，保质期 2 年。

工艺流程：虫体清理除杂→清洗→整形、挑选→装袋→速冻储藏。

（4）蝇蛆罐头的加工：选择体态完整的蝇蛆幼虫或蛹，经过清蒸、红烧、油炸、五香腌制等不同的调味加工，制成各种风味罐头。具有经久耐藏、营养丰富、口味独特、食用方便的特点。

1）加工原料：蝇蛆 1 千克，鸡蛋清、料酒、葱、姜、花椒、陈皮、大茴香、小茴香、酱油、植物油、味精、盐、冰糖适量。

2）加工设备：不锈钢高温高压灭菌锅、不锈钢夹层锅、真空封罐机、多功能粉碎机、电子台秤、玻璃罐。

3）工艺流程：虫体清理除杂→清洗→固化→调味→装罐→排气→密封→杀菌→保温检验→冷却→成品。

4）加工要点

①活虫预检：将 4 天内的蝇蛆，一天不喂饲，使其排净身体内的废物。

②清洗去杂：取干净水盆，盆中配置 2%淡盐水，把蝇蛆置于淡盐水中清洗。清洗时间在 10 分钟左右，清洗到虫体表面光洁为止，不要用钝器搅拌清洗，防止破坏虫体表皮而影响外观。

③灭杀：将蝇蛆置于沸水中 20 秒即可全部杀死，且虫体形状保持较好。杀灭后及时从水中捞出，沥干水分。

④油炸：把沥干水分的蝇蛆放到油锅里油炸，炸油最

好选用花生油或菜籽油。炸油温度保持在180℃，油炸之前要在虫体表面薄薄地裹一层鸡蛋清。油炸时间1～2分钟即可，炸至虫体表面金黄即可出锅。

⑤调味：待虫体冷却后进行调味。葱、姜要切成碎末。将大小茴香、陈皮、花椒洗净、磨碎，加1000克水熬煮30分钟，浓缩至500克。过滤后加入料酒、味精、酱油、冰糖、盐等，搅拌溶解均匀后再熬煮10分钟，熬煮过程中及时撇除浮沫及污物。汤汁冷却后同蝇蛆搅拌均匀后静置2小时，入味后即可进行装罐。

⑥排气密封：采用热力排气法和真空封罐，真空度达到了0.05MPa以上。封罐采用真空封罐机，封罐后及时检验，剔除封口不良罐。

⑦杀菌冷却：采用高压杀菌法，杀菌式10′～55′/121℃，杀菌时间为15分钟左右，杀菌后立即冷却至40℃后出锅。

⑧成品出锅：清洗罐面后入保温库，37℃条件保温7昼夜，同时作微生物和理化指标检验，检验合格后贴标出厂。

（5）蝇蛆虫浆的加工：选用鲜蝇蛆经过去杂处理，清除消化道内分泌物，然后清洗干净，磨浆，同时配以食用油、豆粉、芝麻、辣椒等辅料，配制成酥糖馅、月饼馅等各种点心馅来制作加工点心。

工艺流程：鲜蝇蛆→清理去杂→清洗→磨浆→调配→成品。

（6）蝇蛆酱油的加工：选用体态完整、气味正常、无腐烂的新鲜蝇蛆，经严格清理除杂，加水磨浆，然后调 pH 值，加入酶水解蛋白质，再经过滤、杀菌、调味调色等工序制成。蝇蛆酱油营养丰富，味道鲜美，香味浓郁，无不良余味。经检测，氨基酸含量较高，富含钠、钾、铁、钙等多种微量元素、维生素和一些功能性成分，兑 5 倍水后的味道可与普通酱油相媲美，因此该产品是一种营养价值高、很有发展前途的调味品。

工艺流程：鲜蝇蛆→清洗→拣选→加 3 倍水磨浆→调 pH 值→加酶水解→水浴加热→灭酶→粗滤→调 pH 值→杀菌→调味调色→搅拌→过滤→分装→封口→检验→成品。

（7）蝇蛆保健酒的加工：选用老熟的蝇蛆，经清理去杂、固化、烘干脱水后，配以红枣、枸杞放入白酒中浸泡 1～2 个月即成。这种补酒颜色红润、口味甘醇，具有安神、养心、健脾、通络、活血等功效。此外，还可以通过向白酒里面添加蝇蛆粉末的方法，使里面的有效成分浸提完全，以提高虫酒的保健功能。

（8）蝇蛆冲剂的加工：将成熟蝇蛆幼虫经清理去杂、脱脂、脱色等处理，采用喷雾干燥等工艺制成乳白色粉状冲剂。其蛋白质、微量元素、维生素含量丰富，适合配制滋补强身的饮料及各种冷饮食品。

工艺流程：虫体清理去杂→清洗→固化→脱脂→脱色→研磨→过滤→均质→喷雾干燥→成品。

（9）蝇蛆功能饮料的加工：可以利用蝇蛆直接酶解得到的氨基酸水解液进行调配，加工成含有各种氨基酸的全营养型功能饮料。

对于不含酸的清凉饮料，可将蝇蛆蛋白用酸化或酶化法转化成可溶性蛋白质，然后按照一定的比例添加到清凉饮料或者碳酸饮料中进行强化。对于果汁饮料可采用双酶水解法制取溶解蛋白，作为果汁等软饮料的强化剂，再配以蜂蜜、砂糖等。饮料中含有大量游离氨基酸，易被人体吸收，维生素和微量元素的含量也较高，是一种新型的营养保健饮料，具有很高的营养价值，适合于运动员、婴幼儿、青少年及重体力劳动者饮用。

（10）蝇蛆氨基酸口服液的制取：随着人民生活水平的提高，人们对摄入的营养物质的要求越来越高，尤其是幼儿、青少年的健康成长，疾病患者的康复，都迫切需要高质量的营养物质，所以有效开发氨基酸食品是很有必要的，而蝇蛆中蛋白质的氨基酸组成合理，可制取氨基酸产品，也可以进一步用于加工保健产品、食品强化剂，也可以用作治疗氨基酸缺乏症的药品。一般水解的方法有酸水解、碱水解和酶水解 3 种方法，我们现在大都采用酶水解法。

工艺流程：鲜蝇蛆→挑选→洗涤→烘烤→磨粉→脱脂→浸提→调 pH 值→加酶→灭酶→调 pH 值→第 2 次加酶→灭酶→过滤→调配→杀菌→冷却→蝇蛆氨基酸口服液。

3. 蝇蛆食品发展前景

蝇蛆营养丰富，必需氨基酸比值与人体所需比值接近，尤其与婴幼儿所需比值相符。蝇蛆脂肪也优于其他的动物脂肪，而且含有较丰富的维生素 E、维生素 B_2。同时蝇蛆还可以作为有益微量元素的转化载体，通过饲料加入无机盐，转化为各种生物态有益元素，成为具有保健功能的食品，补充人体所需的微量元素。

我国目前食品工业发展的战略方向是重视提高发展营养功能食品，特别强调食品的营养保健功能。目前蝇蛆的研究开发利用还处于初级阶段，特别是在食品中的应用还有待于进一步的开发。除了要巩固发展那些传统的加工品外，还要加快医疗滋补保健品的开发步伐，通过进一步深入地对蝇蛆营养成分分析，明确其保健功能的作用机制，开发出具有影响力的保健功能食品。随着人类对保健食品的认识，蝇蛆食品将会成为最受欢迎的食品之一。

（五）蝇蛆油的制取

以蝇蛆为原料制备得到的蝇蛆油及脂肪酸，对人的肝癌、肺癌、胃癌、白血病、乳腺癌、卵巢癌、宫颈癌七种癌症有良好的治疗作用。

制取工艺：将蝇蛆清洗，在真空度 0.01MPa 以下，干燥至蝇蛆中水含量15%以下，粉碎，加入有机溶剂，浸提，分离固液两相，液相在蒸发回收溶剂，得到蝇蛆油；在以水配置的磷酸一氢钠与磷酸二氢钠 pH 值 6.0～8.0 缓冲液中，加入中性脂肪酶，达每毫升 180～200 酶活国际单位；在配有中性脂肪酶的缓冲液中加入蝇蛆油，缓冲液与蝇蛆油的体积比为 1∶（0.5～1.5），搅拌反应，停止反应，静止分离，分出油相，以等体积水洗涤，油相旋转蒸干，得蝇蛆脂肪酸。

（六）蝇蛆酶解制成胶囊

以4日龄无菌蝇蛆水解时效果最佳，首先对蝇蛆加酶水解，使蛋白质分解成氨基酸，在此基础上添加一些功能性食药兼用的原料，然后经浓缩、喷雾干燥（或冻干）等工艺过程最后制成胶囊。

（七）甲壳素和壳聚糖的利用与制取

科学家们普遍认为，昆虫是世界上最大的未被利用的生物资源。可以期待，昆虫的产业化将首先在农业以及生命科学、医学、工业等众多的领域得到广泛的应用，并且有着极大的开发潜力。

蝇蛆养殖及产业化，与昆虫养殖业中的养蜂业、养蚕业相比，毕竟要年轻得多、稚嫩得多，但蝇蛆养殖无疑是昆虫产业中最具开发潜力的新兴产业。可以相信，蝇蛆产业化将为昆虫是地球上最大的未被开发的生物资源提供有力的佐证，成为畜禽养殖业可持续发展的最佳选择。

1. 甲壳素

昆虫属节肢动物，其体壁由表皮和单一的细胞层组成。这层表皮像人类的皮肤一样覆盖整个躯体，但昆虫的表皮坚如骨骼，好像一层坚硬的盔甲，包在体外，因此称为外骨骼。昆虫外骨骼的内表皮和外表皮中富含一种重要的化学物质——甲壳素。甲壳素是节肢动物表皮和真菌细胞壁中含有的一种含氮多聚糖，在昆虫的原表皮中含25%～

60%，但不存在于上表皮中。体壁皮细胞特化成的结构内的薄膜，如气管内壁及翅面鳞片内壁中，也不含甲壳素。由于在表皮中，甲壳素往往是以几丁-蛋白复合体的形式存在，所以在自然界中几乎没有游离的甲壳素。以苍蝇为例，经测定其蛹壳中的甲壳素占壳重的 54.8%。昆虫的若干重要物理性质如弹性、韧度等，与甲壳素的存在有关。

世界上昆虫种类繁多，数量巨大，占全部生物种类的 2/3，所有动物种类的 4/5。所以可以说昆虫纲是一个巨大的天然甲壳素库。甲壳素是地球上数量仅次于纤维素的天然有机化合物。据估计，甲壳素年生物合成量可达 100 亿吨之多，足可以与纤维素的年产量相匹敌。甲壳素亦是自然界中除蛋白质外数量最大的含氮天然有机化合物。

甲壳素又叫几丁、几丁质、甲壳质、蟹壳素、明角壳蛋白等，广泛存在于节肢动物、软体动物、环节动物、原生动物、腔肠动物、海藻、真菌以及动物的关节、蹄足等坚硬部分，是某些动物骨骼的重要成分。近代 X 射线衍射分析法研究证明，在昆虫表皮中发现的甲壳素属 α-甲壳素。

甲壳素属于直链氨基多糖，它为高分子含氮多糖物质，由许多（至少数百个）N-乙酰-O-葡萄糖胺的链状聚合物组成的，学名为（1，4）-2-乙酰氨基-2-脱-O-β-D-葡糖，分子式为 $(C_8H_{13}NO_5)_n$，单体间以 β（1→4）糖苷键相连。分子量很大，一般在 10^6 左右，理论含氮量 6.9%，与自然界中大量存在的纤维素的化学结构有诸多相似之处。

甲壳素是自然界中惟一带正电荷的一种天然高分子聚合物，其化学结构与植物中广泛存在的纤维素非常相似，若把组成纤维素的单个分子——葡萄糖分子第二个碳原子上的羟基（OH）换成乙酰氨基（$NHCOH_3$），纤维素就变成了甲壳素，从这个意义上讲，甲壳素可以说是动物性纤维。

甲壳素的化学性质特殊，可与碱生成碱甲壳素，与酸反应形成盐类，可与酸或碱发生酯化反应，还可与烃基化试剂反应生成醚，甲壳素也能发生取代反应，生成甲壳素的N-衍生物。

2. 壳聚糖

甲壳素在高温（160℃）条件下以浓碱液处理，可使其分子链上乙酰基脱离，余下的部分即为壳聚糖。

壳聚糖最常用的溶剂是低浓度无机酸或某些有机酸，如盐酸、甲酸、乙酸、10%柠檬酸、丙酮酸和乳酸等。一般甲壳素的脱乙酰度越高，壳聚糖的溶解度越大，壳聚糖的分子量越大其溶解度越小。壳聚糖由于其分子结构中大量游离氨基的存在，溶解性能大大改观。壳聚糖溶解后，就成为一种高聚物溶液，具有一定的黏度。因为壳聚糖能溶于低酸度水溶液中，所以也叫可溶性甲壳素；而甲壳素无此溶解性，称为不溶性甲壳素。

3. 甲壳素和壳聚糖的应用价值

甲壳素和壳聚糖具有广泛的用途，可降低胆固醇，提高机体免疫能力，防治糖尿病，降血压；还可制造具有活化细胞，抗菌、止血的人造皮肤；可作为食品的稳定剂、乳化剂、防腐剂和澄清剂；可制造具有抑菌、防腐、抗过敏的纺织品。部分发达国家对甲壳素的研究已有多年历史，其产品数千种，已有近百种产品上市并广泛应用。现市场上的甲壳素产品一般是从虾、蟹壳中提取的，由于蟹壳中含有大量的石灰质及蜡质，甲壳素含量低，4%～6%，生产工艺较复杂，成本较高。而昆虫体壁石灰质及蜡质含量相对较低，且甲壳素含量高，20%～40%。现采用生物化学方法对易于工业化饲养的昆虫提取甲壳素，再加以脱乙酰基制成水溶性壳聚糖，其成本相应低于现有市价很多。以昆虫表皮提取甲壳素、壳聚糖，并以此作为原料开发医药产品、保健品、食品、化妆品、纺织品等产品，将具有巨大的经济效益及社会效益。目前国外高纯度甲壳素每克 27 美元，一吨约为人民币 1 亿元，若一对苍蝇一夏天充分繁殖，可获 600 吨蛋白质，得蛆壳 15 吨，全部提取甲壳素，即价值人民币 15 亿元。

4. 甲壳素、壳聚糖的提取

应用蝇蛆提取甲壳素的方法有多种报道，据亢霞生等（2001）报道，蝇蛆壳体中甲壳素含量高达 85%以上，每吨干蛆可以提取蝇蛆蛋白粉 500 千克，蝇蛆脂肪 250 千克和蛆壳 70 千克。由于蛆壳无色，碳酸钙含量低，故生产工艺简单，成本较低，甲壳素提取率可达 85%～90%。现将亢霞生等介绍的提取方法介绍如下。

（1）生产设备：主要设备为陶瓷缸、反应锅、搪瓷桶等。所需工业试剂有氢氧化钠（工业级）、盐酸（工业级）、高锰酸钾（化学纯）和亚硫酸钠（化学纯）。

（2）提取工艺

①清洗原料：将收集的蛆壳用清水洗干净，除去蛆壳上的杂质。

②脱洗钙质：将洗净的蛆壳置于陶瓷缸内，加入其重量2～3倍，浓度2%～3%的盐酸，浸泡5小时后，滤除盐酸。加入其重量2～3倍，浓度为5%～6%的盐酸，浸泡过夜。次日滤除盐酸溶液，用清水洗净，即得色泽洁白的蛆壳，捞起、沥干。

③浸碱处理：脱钙后的蛆壳，加入其重量1～2倍，浓度为10%的氢氧化钠溶液，浸泡3～4小时，以除去蛆壳的杂质、蛋白质及部分色素。然后滤除碱液，收集蛆壳，用清水冲洗干净。

④漂白：在漂白缸中加入适量高锰酸钾和亚硫酸钠溶液，并加入蛆壳重量1～2倍的清水，浸泡2～3小时，以除去蛆壳色素，得到洁白的蛆壳，然后过滤，冲洗干净。

⑤脱乙酰基：将漂白后的蛆壳移入反应锅中，加入其重量1～2倍，浓度40%的氢氧化钠溶液。加热100～180℃，不断搅动，促使反应完全。待蛆壳全部水解后，滤除碱液，晾干蛆壳，用清水冲洗pH值呈中性。

⑥干燥：将晾干的蛆壳置于石灰缸或80℃干燥器中干燥，即得脱乙酰甲壳素成品。

（3）注意事项：采用40%的浓碱（氢氧化钠溶液）去除乙酸基时，温度必须控制在100～180℃，否则会影响脱乙酰基的效果。在进行脱钙和首次浸碱处理蛆壳之后，要用大量清水反复冲洗，以彻底去除各种杂质。

（八）抗菌肽的研究

苍蝇的一生，要经过卵、蛆、蛹、成虫四个时期，繁殖非常快。仅一只苍蝇身上就能够携带六百多万细菌，可以传播肠炎、结核、痢疾、伤寒等 30 多种疾病，但是苍蝇自己不会感染上这些疾病。科学家们发现，在苍蝇生长发育的过程中，幼虫会合成一种特殊的蛋白质，称抗菌肽，使其对病原具有免疫作用，成为苍蝇身上各种病菌的克星。据测定，这种抗菌蛋白只需要万分之一的浓度就能杀死多种病菌，这种效力超过了青霉素。许多对人有害的细菌，在苍蝇的消化道内也只能生活五六天。

苍蝇的抗菌物质具有广谱抗菌活性，可以开发成新一代不会在人体内形成抗性的抗生素药物；苍蝇凝集素抗肿瘤，可提高人体的免疫能力，可以开发成抗肿瘤药物。可以采用一定的技术方法从蝇蛆中分离提取抗菌物质和凝集素。

抗菌肽也称为肽类抗生素或天然抗生素，是一类具有广谱抗微生物活性的小分子短肽，广泛存在于细菌、植物、脊椎和无脊椎动物体中，是天然免疫的重要效应分子，目前已有 500 多种抗菌肽被分离、鉴定。

从抗菌肽的各个方面尤其是药用方面可以看出，抗菌肽有很广阔的发展前景和作为一类新药开发的潜力，但是要使这一愿望得以实现，还有很多困难需要克服。首先是抗菌肽的提存问题，由于天然抗菌肽的含量一般都较小，它的提取和存放都比较困难，虽然现在可以用化学合成和基因工程的方法获得抗菌肽，但这会增加药物的成本。因此，如何提高抗菌肽的生产效率，降低成本是应用抗菌肽必须解决的问题。其次是基因工程生产中的表达载体问题，由于大部分抗菌肽对表达载体有害，这样只能是抗菌肽以融合蛋白的形式表达，但这又无疑增加了后续工作的难度。再次是抗菌肽的稳定性和免疫反应问题，由于目前有关抗菌肽药动学、药效学方面的研究还比较少，大多数的试验只适用于局部治疗。要使抗菌肽真正应用于临床，还要解决好它的毒性、稳定性、免疫原性、应用方法、药物制剂等方面的问题。最后是与传统抗生素相比，某些抗菌肽的抗菌活性还不够理想，这就需要结合抗菌肽活性与结构的关系有目的地对其进行改造和设计。另外，对于抗菌肽的作用机理还需要进一步研究与探索，这样可以使我们更好地利用和改造抗菌肽，使之能尽快应用于临床。

综上所述，虽然抗菌肽还存在很多不足之处以及没有解决的问题，但我们有理由相信，抗菌肽依其与众不同的各种性质和独特的杀菌机制一定能在生物药用领域发挥其应有的作用，也必将对人类的健康产生深远的影响。

四、蛆粪的利用

蛆粪膨松、无臭味，是一种很好的生物有机肥料。蝇蛆处理 1 吨猪粪，可得蛆粪 500 千克。

1. 育蛆后的粪料处理

分离后的粪料内，往往还残留少量蛆和蛹，若不妥善处理，就会造成环境污染。处理方法是堆沤，选择排水良好的地方挖一个长方形的坑，把粪料倒入坑中，喷上消毒药水，盖上塑料薄膜，沤制半个月，可当肥料使用。

2. 蛆粪的利用

（1）制作有机肥：据试验，经蝇蛆处理后获得的蛆粪，是一种优质的有机肥。肥效长，无臭味，土壤改良效果明显，能克服连作障碍，防止土壤酸化，过量施肥，也不会对作物生长产生不良影响，可用于有机蔬菜的生产。施用蛆粪的作物，生长健壮，根系发达，发病少，落花、落果少，结实增加，果实品质优良。用于番茄，增产150%，果实充实、甘甜，货架期延长10～12天；用于甜瓜，糖度增加，货架期延长；用于甜椒，增产150%，甘甜，货架期延长；用于茄子，增产180%，货架期延长。

在1公顷土地上施用20吨蛆腐殖质（蛆处理过的猪粪）的情况下，与施用全套化肥相比，燕麦增产20%，燕麦和豆类套种增产18%；与单施磷、钾化肥相比，燕麦增产57%，燕麦和豆类套种增产38%；施磷、钾化肥加蛆腐殖质的燕麦和豆类套种增产最为惊人，与施全套化肥比增产68%，与施磷、钾化肥比增产96%。

此外，用蛆处理猪粪，猪粪中原有的草籽被沤烂了，不再回到地里损害庄稼。用蛆腐殖质作肥料，土壤可摆脱使用化肥带来的板结、土地团粒结构退化等问题，提高了土壤肥力。蛆粪经化验，有机质19.8%，全氮2.3%，全磷2.65%，全钾1.83%，氮、磷、钾比较均衡，是花卉、蔬菜、瓜果理想的有机肥。不仅可增加产量，还能提高质量。经蛆处理后的畜禽粪便，臭味很快消失，减少了粪便的污染，净化了环境。

（2）养蛆再利用：我们可把蝇蛆吃剩下的全部粪料（最好是当天的）收集起来，堆成长方形或圆柱形堆状，堆的大小根据当天的蛆粪多少来定，一般高度在1米左右，宽1.5米左右，长度不限；如果是圆柱形，堆的直径可在1～2米左右，高度以能堆稳不垮为度。养殖过蝇蛆的粪便比较干燥，这时我们可以加水调湿，每一吨粪用5千克EM生物活性菌兑水150～200千克（具体水的多少视蛆粪料的干湿度来定），一边堆粪，一边洒水，把粪料调整到湿度60%左右为宜。调节好湿度，堆粪完成后，可盖上薄膜密封，3天后翻堆一次，7天就可再用于蝇蛆养殖。如果有新鲜的鸡粪便，可在蝇蛆粪料中再渗入30%新粪料效果会更好。

（3）养蚯蚓：也可用蝇蛆粪来养殖蚯蚓，目前最适合人工养殖，繁殖量高的品种主要是太平二号蚯蚓种。在种蚯蚓放养之前，我们做好充分的准备，把从蛆房里推出来的粪料，堆成长条状，宽2米，长度不限，厚度20厘米，如果有砖块，两边用砖块砌一下，挡住粪料，这样要规则一些，今后加粪料也要方便得多。堆料与堆料之间要留1米的操作道。料堆好后，即可为蚯蚓安家。

参 考 文 献

1. 何风琴．苍蝇养殖与综合利用技术．北京：中国农业出版社，2006
2. 何风琴．蝇蛆养殖与利用技术．北京：金盾出版社，2008
3. 薛万琦，赵建铭．中国蝇类．沈阳：辽宁科学技术出版社，1996
4. 蒋挺大．甲壳素．北京：中国环境科学出版社，1996
5. 胡萃．资源昆虫及其利用．北京：高等教育出版社，1996
6. 张廷军．苍蝇幼虫的开发与利用．哈尔滨：黑龙江教育出版社，1999
7. 亢霞生等．蝇蛆高效养殖技术．南宁：广西科学技术出版社，2001
8. 原国辉．黄粉虫蝇蛆养殖技术．郑州：河南科学技术出版社，2003
9. 沈晓昆．蝇蛆清洁养殖赚钱多．南京：江苏科学技术出版社，2007

向您推荐

花生高产栽培实用技术	18.00
梨园病虫害生态控制及生物防治	29.00
顾学玲是这样养牛的	19.80
顾学玲是这样养蛇的	18.00
桔梗栽培与加工利用技术	12.00
蚯蚓养殖技术与应用	13.00
图解樱桃良种良法	25.00
图解杏良种良法 果树科学种植大讲堂	22.00
图解梨良种良法	29.00
图解核桃良种良法	28.00
图解柑橘良种良法	28.00
河蟹这样养殖就赚钱	19.00
乌龟这样养殖就赚钱	19.00
龙虾这样养殖就赚钱	19.00
黄鳝这样养殖就赚钱	19.00
泥鳅高效养殖 100 例	20.00
福寿螺 田螺养殖	9.00
“猪沼果（菜粮）”生态农业模式及配套技术	16.00

肉牛高效养殖实用技术	28.00
肉用鸭 60 天出栏养殖法	19.00
肉用鹅 60 天出栏养殖法	19.00
肉用兔 90 天出栏养殖法	19.00
肉用山鸡的养殖与繁殖技术	26.00
商品蛇饲养与繁育技术	14.00
药食两用乌骨鸡养殖与繁育技术	19.00
地鳖虫高效益养殖实用技术	19.00
有机黄瓜高产栽培流程图说	16.00
有机辣椒高产栽培流程图说	16.00
有机茄子高产栽培流程图说	16.00
有机西红柿高产栽培流程图说	16.00
有机蔬菜标准化高产栽培	22.00
育肥猪 90 天出栏养殖法	23.00
现代养鹅疫病防治手册	22.00
现代养鸡疫病防治手册	22.00
现代养猪疫病防治手册	22.00
梨病虫害诊治原色图谱	19.00
桃李杏病虫害诊治原色图谱	15.00
葡萄病虫害诊治原色图谱	19.00
苹果病虫害诊治原色图谱	19.00
开心果栽培与加工利用技术	13.00
肉鸭网上旱养育肥技术	13.00
肉用仔鸡 45 天出栏养殖法	14.00
现代奶牛健康养殖技术	19.80